住房城乡建设部土建类学科专业"十三五"规划教材

高校建筑学专业规划推荐教材

十三五

ENERGY-EFFICIENT BUILDING

节能建筑设计与技术

宋德萱 赵秀玲 著

DESIGN AND TECHNOLOGY

中国建筑工业出版社

图书在版编目（CIP）数据

节能建筑设计与技术/宋德萱，赵秀玲著．—北京：中国建筑工业出版社，2015.12（2024.6重印）
住房城乡建设部土建类学科专业"十三五"规划教材
高校建筑学专业规划推荐教材
ISBN 978-7-112-18997-7

Ⅰ.①节…　Ⅱ.①宋…②赵…　Ⅲ.①节能–建筑设计–高等学校–教材　Ⅳ.①TU201.5

中国版本图书馆CIP数据核字（2016）第010398号

责任编辑：杨　虹　陈　桦
责任校对：李欣慰　王　烨

住房城乡建设部土建类学科专业"十三五"规划教材
高校建筑学专业规划推荐教材
节能建筑设计与技术
宋德萱　赵秀玲　著
*
中国建筑工业出版社出版、发行（北京海淀三里河路9号）
各地新华书店、建筑书店经销
北京嘉泰利德公司制版
北京中科印刷有限公司印刷
*
开本：787×1092毫米　1/16　印张：10½　字数：240千字
2019年2月第一版　2024年6月第二次印刷
定价：**40.00**元（赠课件）
ISBN 978-7-112-18997-7
　　　　（28285）

── 前言 ──

节能建筑已经成为 21 世纪建筑科学技术的关键领域，在当今光鲜的建筑创作中，更多的建筑师不再停留于建筑形式与光影效果，而充分关注建筑科学技术的作用，并将其融于建筑创作，其中节能建筑设计与技术是首选问题。

节能建筑设计是现代建筑学发展的动因之一，可持续性与生态思想日益成为现代建筑思潮的组成部分，而其中的节能与资源的有序利用是必不可少的研究对象。

世界各国都在对建筑活动中能源利用的科学性问题进行积极的探索，都试图在建立人居环境，创造舒适空间的同时，对人类的未来做出一定的贡献，其中，建筑师充当十分重要的角色。作为经济高速发展的中国，已触摸到时代的节拍，对节能建筑设计研究已成为现代建筑技术科学的主流。

节能建筑之于生态建筑是骨干、是生命。

生态建筑思想在现代化建筑思想中占据重要地位，而节能建筑是生态建筑的技术手段与方法论，是生态建筑从理论走向实践的必经之路，节能建筑重操作、重实践的科学特性，成为现代建筑师追逐的重要因素。

节能建筑之于可持续性是实质、是根本。

建筑的可持续性，或称"持续建筑"，强调建筑的资源消耗要兼顾资源消费的今天与明天，其中的节约、循环、再生是可持续的实质，而节能建筑设计的三要素就是研究资源的节约、循环、再生的技术问题，对节能建筑原理的掌握，就是建筑师手中握有可持续性研究与应用的钥匙。

节能建筑之于绿色建筑是手段、是方法。

绿色建筑思潮被年轻建筑师所关注，绿色也成为现代建筑技术领先的象征，节能建筑作为绿色建筑的有机组成部分，像纽带一样联系着现代科学技术、建筑学与社会学的根本问题，节能建筑的综合手段与方法，完成了绿色建筑理论所要完成的使命。

节能建筑之于现代建筑发展是不以人们意志为转移的一条必由之路。

人类活动的进步与发展应以自然性、生态化与环境共生的最高思想为原则，追求在建筑活动中以利用可循环资源的可能性为主流，而其中建筑师在这项活动中扮演着十分重要的角色。

　　谨以此书奉献给有志于节能建筑设计创作的建筑师们和未来的建筑师们，赋予时逢建筑设计崭新时代的建筑创作更多的技术支持与设计方法。

宋德萱

—Contents—

—目录—

第五章　节能建筑的自然通风与致凉

第六章　节能建筑实例

第七章　各国相关节能建筑的评价体系

第一章 节能建筑概述

第一节 建筑节能基本概念

　　节能建筑是以探讨为满足建筑热环境和保护人居环境为目的，通过建筑设计的手段和改善建筑围护结构热工性能、充分利用非常规能源，使建筑达到可持续发展的应用研究科学。随着科学技术水平的提高，人们对居住质量（建筑功能合理、建筑设备齐全、室内外环境条件舒适等）越来越重视，要求建筑师在进行艺术创作同时，能更科学、实用、有远见卓识的开展建筑创作活动。近年来，建筑节能已成为世界建筑界共同关注的课题，并由此形成关于"建筑节能"定义的争论，一般来讲，其概念有三个基本层次：最初称之为"建筑节能"；随后又改为"在建筑中保持能源"，即减少建筑中能量的散失；目前较普遍的称之为"提高建筑中的能源利用效率"，即以主动、积极地节省能源消耗、提高其利用效率。我国建筑界对第三层次的节能概念有较一致的看法，即在建筑中合理使用和有效利用能源，不断提高能源利用效率。

　　由此，建筑师率先在建筑设计领域充分尊重能源的有效利用，通过建筑设计手段提高能源利用效率，成为建筑学中关于环境保护、建筑可持续发展的首要设对问题。目前，建筑设计可以借助先进的科技成果来改善建筑的居住质量，但对建筑热环境而言，"能源问题"的提出，使建筑设计再也不能够仅靠消耗有限的常规能源（煤、电、石油气等）来换取舒适的热环境了，建筑开始回到"自然"中来，向"自然"要能源，在设计中挖掘能源，建筑的节能设计已刻不容缓地摆在建筑师面前。

一、建筑与气候

"气候"是指某一地区多年的天气特征，由太阳辐射、大气环流、地面性质等相互作用决定，人类文明在很大程度上依赖于最近一万年以来相对稳定的气候状况，大自然为人类提供阳光、空气和水，以及生存所需的其他必要条件。地球上各个地区气候差异巨大，在现代人工环境技术尚未出现的时代，目前在还未采用这些技术的地区，造成了建筑巨大的地区差异，使建筑具有明显的气候特征。建筑是人类为了抵御自然气候的不利影响而建造的"遮蔽所"，遮风避雨、避寒防暑，使室内微气候适合人类的生存。气候作用于建筑包含三个层次：

①气候因素（日照、降水、风、温度、湿度等）直接影响建筑的形式、功能、围护结构等；

②气候因素影响水源、土壤、植被等其他地理因素，并与之共同作用于建筑；

③气候影响人的生理、心理因素，并体现为不同地域在风俗习惯、宗教信仰、社会审美等方面的差异性，最终间接影响建筑本身。

建筑围护部分的设计应该使其与所处气候相互作用，在传统建筑中，建筑内部空间与外部环境之间的关联非常普遍，而在现代建筑中，这一点反而因为对空调技术的普遍应用而被忽视。现代人工环境技术使人类极大地摆脱了自然气候对建筑的影响，大大提高了室内的舒适度，但是这些都是以消耗能源为代价，并引发了生态、环境、资源、健康的逐步恶化。同时，现代人工环境技术也使建筑失去了地区气候所造成的特征和差异，世界建筑逐步趋同化。在这样的背景下，建筑的节能设计成为各国建筑界关注的目标。针对特定的气候条件，主要通过建筑设计手段，即采用被动式的设计策略，既可以保证建筑的健康舒适，又可以节约大量的能耗，这是建筑师的工作范畴，也是当今世界建筑的发展潮流。

气候对设计节能建筑起决定性作用，气候条件（太阳辐射、地轴倾斜、空气流动、地形等）决定了建筑用地环境的温度、湿度、辐射能力、空气流动、风和天空条件等气候性质。气候作为某一特定地点是一项已知条件，是设计必须遵守的客观前提。温度、湿度、通风、采光等要素对室内环境的舒适度影响，在不同气候环境中具有不同的组合标准。节能建筑设计应充分利用气候的已知条件，迎合气候因素，使气候成为节能建筑的有利因素。

通常把一个地区范围内的共同气候条件所形成的气候区或气候

地带分别归类为不同的气候分区。如美国版图被划分为四大气候区：寒冷地区，特点为温度变化幅度大，记录温度从 −34.4℃ ~37.8℃，存在炎热的夏天及寒冷的冬天，主导风向为西北风及东南风；温和地区，特点为炎热和温和天气平均分布，风向为东北和南向的季风，高温、降雨特征显著，常出现多云及阴天天气；干热地区，特点为天空晴朗、天气干燥，持续炎热并昼夜温差大；湿热地区，特点为高温、高湿（湿度常年如一），全年及每日风向变化大，常有飓风出现。

我国为了满足建筑与气候相适应的要求，将全国划分成五个气候设计分区：严寒地区，累年最冷月平均温度低于或等于 −10℃ 的地区；寒冷地区，累年最冷月平均温度高于 −10℃，低于或等于 0℃ 的地区；夏热冬冷地区，累年最冷月平均气温 0℃ ~10℃，最热月平均气温 25℃ ~30℃ 的地区；温和地区，累年最冷月平均温度高于 0℃，最热月平均温度低于 28℃ 的地区；夏热冬暖地区，累年最热月平均温度高于或等于 28℃ 的地区。

按照以上气候分区，参照国家和地区的经济因素，我国确定了以长江流域作为界线的采暖分界线，于 20 世纪 50 年代规定长江以北大部地区为建筑采暖区，长江以南地区为建筑非采暖区。为了更客观地反映中国的气候特征，目前是以黄河和长江为界，黄河以北为建筑采暖区，长江以南为建筑非采暖区，黄河和长江之间为过渡区。

二、基于气候的设计

基于气候的设计是一种设计策略，旨在利用气候对基址的有利之处，同时使气候对舒适度不利的影响最小化，或减少建筑本身的能量需求，是利用气候特征所有优势的设计和建筑系统。基于气候设计的建筑比没有考虑气候的建筑设计通常会有较低的运行费用，同时达到较高的满意度。

建筑基址所处的气候特征——温度、湿度、风向和日照等情况，都会对建筑环境的舒适性产生正面或负面的影响。主要气候要素有太阳辐射（包括温度和光照情况）、风和空气压力状况、湿度和降雨量，同时大气中的云量对地球辐射平衡有重要作用（图 1–1）。大量的云可以反射或吸收太阳辐射，同时，地球辐射热会被大气中的云反射回地面，为地球大气加热，即温室效应。

天气和气候模式是太阳、大地和水三者之间的相互作用而导致的。当地球围绕地轴自转，同时围绕太阳公转时，大地和海洋吸收了太阳的辐射能量，根据它们不同的吸热能力就产生了温度和压力差，从而生成风。接着，风为大地降温或者升温，大气中的水汽就会以雨或雪的形式降落到地面。山脉和山谷使风转向，风向多变，

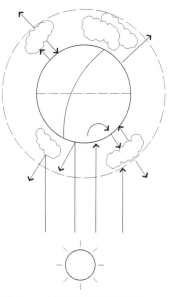

图 1–1　大气对地球的辐射平衡

就形成了一系列区域气候和微气候。正如，一天当中的太阳辐射的热不同，风向在一天中也会发生变化，特别是在陆地与水域交汇的地方。太阳辐射因纬度不同而不同。很多山区辐射强度大是由于所处区域海拔高，空气产生的阻碍少，大气、云层、水汽、污染，这些可以过滤或者反射或漫射太阳能量，低海拔的地方往往由于大气的过滤作用接收到的辐射强度较低，且漫射光较多。在世界范围内，这种交互作用使得各地的气候条件存在很大的不同。临海城市的气候模式受到大面积水域的影响，早晨和晚上的低云层使得空气温度适中，是典型的海洋气候；相反，沙漠地区大量吸收太阳辐射而导致全年天气非常炎热且多风。

了解特殊气候和微气候，以及它们如何影响能量使用和建筑的舒适性，是气候设计的第一步，也是最重要的一步。每个微气候都不相同，需要不同的设计解决方法。例如，用于供暖、通风和空气调节的装置可能在海滨地区很有效，而在内陆地区效果很差；相对于内陆的建筑，海滨地区夜晚和早晨的低云层还会影响窗户和外遮阳设施的位置。此外，场地的特殊情况会进一步调整气候和微气候，建在山顶上的建筑的风流情况比建在山谷中的建筑要普遍的多，风向和风速会影响很多与设计相关的内容，如入口、进风口、水管出口等。其他场地特性因素包括遮阳、相邻建筑的太阳反射和城市热岛效应等。

为了更好地实现气候设计，设计者首先应尽可能了解详细的气候数据并记录气候的优势和劣势特点。设计初始阶段，尽可能详细的查询、收集建筑用地可能存在的气候特征和微气候情况，还要考虑场地特有的情况，如当地的地理信息、可能影响该项目的临近建筑信息；在项目早期的概念设计阶段，核查气候数据对使用潜在的能效设计策略非常必要，如估测太阳数据（全年的辐射强度和太阳高度角）、风玫瑰信息、降雨量、温度和湿度等数据。同时，也要确定任何可能不利于舒适和能效的因素，如高湿度、某时段的特殊太阳辐射问题，或者可能引起的穿堂风等情况。针对不同的气候区特征，建筑设计策略也要区别考虑。

（一）湿热气候

热带：高温高湿、昼夜温差小、降水量大、较厚的云层减少太阳辐射，但同时可能产生严重的眩光。该地区建筑常为开敞构架，大屋顶以防雨，轻质的建筑材料，围护结构利于通风，地板架空以防洪水、潮气和动物，并可促进地板通风；有时还建在水面上，以利用水蒸发散热的作用（图1-2）。

亚热带：夏季时间长、气候暖湿；冬季湿冷，并伴有强风。建筑常常需要遮挡夏季的太阳辐射，并阻挡冬季的冷风。高高的顶棚

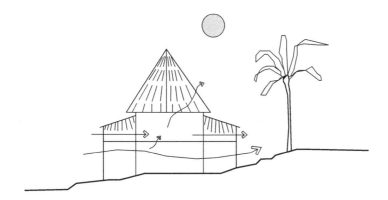

图1-2 泰国干阑住宅

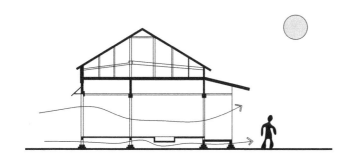

图1-3 日本传统住宅

可缓解夏季太阳辐射热,复檐可有效遮阳,同时可用作室外活动的空间。有时架空地面以促进通风,并防潮(图1-3)。

（二）温和干燥气候

地中海气候：夏季长、温暖；冬季短、湿冷,日夜温差变化较小。传统建筑为厚重石墙建筑,使夏季室内温度相对凉爽稳定,冬季需要采暖。建筑多为浅色,以减少对太阳辐射热的吸收;开很少数量的小窗,百叶格栅提供遮阳,阻挡太阳辐射和强光;阳台、平台、门廊天井院、庭院、花园为夏季室外活动提供缓冲空间(图1-4)。

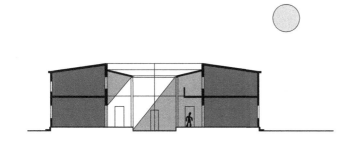

图1-4 罗马的中庭住宅

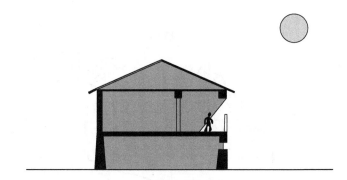

图 1-5　土耳其乡村住宅

　　大陆性气候：夏季温暖，冬季寒冷。季节温差大，日间温度变化大，湿度低，有强风。传统的土耳其住宅兼顾了冬夏两季的需求，下层结构使用厚重的材料，上层结构使用隔热性能好的木结构，坡度平缓的石子覆面屋顶有出挑的屋檐，以阻挡夏季阳光（图 1-5）。

　　（三）温和湿润气候

　　海洋性气候：温暖、潮湿、多雨、天气多变。大多位于沿海地区，主要受所临海域的影响，常有风，降水多，夏季凉爽、短暂，冬季温和。建筑主要需防风、防潮。常设有廊子或有非采暖房间作为采暖房间的过渡空间。屋顶坡度陡，有出檐，墙多为砖砌。英国南部、法国北部、西班牙北部的建筑常常设有大玻璃的阳光房作为缓冲空间（图 1-6）。

　　（四）湿冷气候

　　亚极地：夏季凉爽、极昼时间短；冬季漫长、极夜时间长。宁静、干燥季节和潮湿季节的转换常伴有大风天气。瑞典木屋建筑屋顶坡

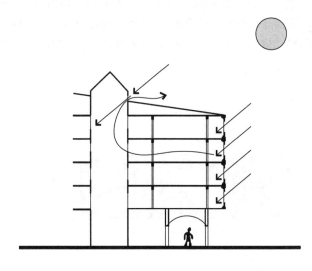

图 1-6　（西班牙）拉科鲁尼亚住宅

度较缓，可以使积雪覆盖于屋顶起到保温作用，房屋以砖砌火炉为中心，外墙为厚厚的木墙，有很好的保温效果。适应亚极地湿冷气候的典型建筑形式有萨米人（斯堪的纳维亚半岛）的帐篷、瑞典木屋、冰岛泥煤屋（图 1-7）。

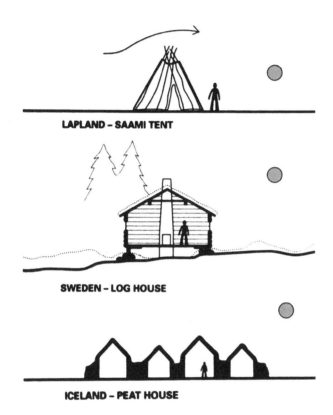

图 1-7　亚极地气候建筑

（五）干冷气候

极地：气温极低，冬季极夜且漫长；夏季极昼且短暂，冬夏季一天中的气温变化很小。抵御低温和冷风是建筑面临的挑战，动物皮毛常用来做衣服或房子保温。雪屋，如 Igloo（图 1-8），显示了人类最大程度适应极地气候的能力。半球结构具有最有效的体形系数，用雪块建造，雪块中大量的空气孔洞可以起到保温作用（图 1-9）。由于下沉的入口通道和屋内内衬的设置，即使室外温度极低的情况下，体温和小的取暖装置也可以使室内温度保持在 15℃以上。西伯利亚和蒙古游牧民族的圆顶帐篷是更高级的可拆卸携带的房子，体型优化，中间设有火炉（图 1-10）。

建筑适应气候的能力是关于建筑建造与气候、周边环境、材料和能源消耗等一系列的问题。适应能力既取决于固定的、被动式气

图 1-8　Igloo

图 1-9　爱斯基摩人的 Igloo 剖面

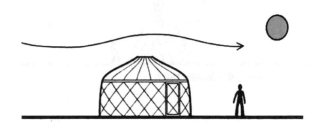

图 1-10　蒙古游牧民族的帐篷

候控制的部分，也取决于可变的、主动式气候控制的部分。建筑结构的轻重、空间布局，或室内外过渡区，如立面、窗户的设计，它们与环境互动并调节室内外的气候。适应气候的节能建筑设计，是利用被动式和主动式设计的有机结合：被动式气候控制的建筑对气候的调节模式是固定的，但在不同季节，建筑的空间可以灵活使用；主动式气候控制的建筑对气候的调节模式可以动态变化，以适应不同的天气变化情况；具备以上两种气候控制的建筑，既可以实现空间的灵活使用，也可以主动适应不同天气。

三、热舒适指标

人体和皮肤的保护和调节是与不同气候条件下的衣着情况共同作用的。人体对热环境的适应能力很强，从 -20℃到 +40℃，对冷热的感受被其他气候参数所影响，如湿度、风速和热辐射，还有人的运动程度和衣着，也具有决定性的影响（图 1-11）。

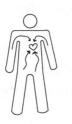

新陈代谢产热被血液循环散开　呼吸作用可以起到散热作用　在人体本身不能控制热量散失的情况下就会颤抖或出汗　人体的活动会产生热量　姿势的不同也会影响到热量的得失

图 1-11　舒适度要素

舒适区是指在某种条件下人感到舒服的范围，包括工作和休息状态。温度在 22℃上下波动 2℃的情况下被视作舒适的环境温度范围，人体对相对湿度的适应性很强，在 20%~80% 的范围内都不会有明显的不适感，人体对风和空气流动的适应性同样很强。但温度、相对湿度和风三者的综合作用，以及衣着和营养状况可以确定在工作和静止状态下最优化的扩展舒适范围。图 1-12 所示，用一个立体图示来表达影响舒适的三要素：温度、湿度、风之间的重要联系，其中每一维度都代表一个舒适参数，且每个参数都有各自舒适的范围。如果把三个要素结合在一起所构成的舒适区，则可反映每个参数可延伸的舒适范围的大小。

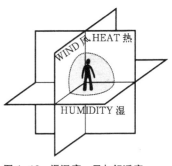

图 1-12 温湿度、风与舒适度

1963 年，Victor Olgyay 在其著作《设计结合气候》一书中描述的舒适区，用图表的方式显示了传统热舒适各参数之间的相互作用关系，如图 1-13。横轴为空气的相对湿度，纵轴为空气温度（摄氏温度）。在舒适的温度范围之外，需要风和太阳辐射来达到延伸的舒适环境。图表意图确定出一个舒适区域，该区域内不需改变温度、湿度和风，只要有太阳辐射热，在低于 70℉，即 21℃左右仍可使人体感觉舒适。1970 年，丹麦室内气候研究者 Ole Fanger 定义了舒适性的概念，由 6 个测量因素确定：空气温度、辐射温度、空气运动、相对湿度、新陈代谢和衣着状况。随后测量因素又增加了空气污染、光照量和声环境限制三项。

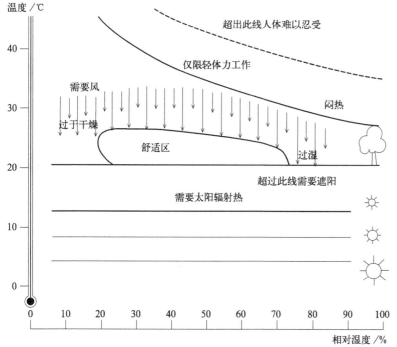

图 1-13 热舒适图表

美国供暖、制冷和空气调节工程师协会（ASHRAE）的标准把人体热舒适定义为：人感到满意的热环境。该标准规定：舒适的热环境是指80%静坐或轻微活动的人认为可以接受的环境。该定义是定性表达的舒适性，同时，定量表达舒适度的研究也在不断进行，如美国供暖、制冷和空气调节工程师协会研究的舒适度公式：

$$Y = 0.14 \times T + 1.65 \times P - 11.339 \qquad (1-1)$$

式中：T= 干球温度（℉）

P= 水蒸气压力（psi[5]）

这表示建筑师和工程师必须了解人们如何感知热舒适，才能在设计中达到需要的舒适性。

热舒适最重要的两个要素是温度和湿度。如果温度和湿度合适，就可以达到90%热舒适的接受程度，这超出了ASHRAE标准所注的80%。温度是最显著的热舒适因素，是使用者通过自动调温器在建筑内可以控制的唯一因素。根据ASHRAE标准，大部分人（指穿着适宜季节的衣着，静坐或轻微活动的人）在69℉（20.56℃）到81℉(27.22℃)之间感觉最为舒适。相对湿度是温度的一种功能，空气温度上升，就可以提高饱和水蒸气含量。人体可以通过汗液的蒸发散热，这种散热方式在相对湿度较低时非常有效。而相对湿度较高时，汗液蒸发不畅，就达不到散热目的。相对湿度在30%到60%之间时大部分人会感觉舒适。提供人们在舒适度范围内的不同温度和相对湿度组合可以用图表表示，可以清晰地显示出舒适区。处于该舒适区的温度和相对湿度会使大部分人感到舒适。然而，因穿着、新陈代谢量和其他因素的不同，每个人的舒适区也存在很大差别，但世界各地不同气候区、生活条件和文化环境的人，当穿着、活动量相似时，所选择的舒适区是一样的。图1-14为B.Givoni在《城市和建筑设计中的气候考虑》一书中提出的可达到额外舒适区的设计策略。图示显示在干热气候，相对湿度20%时，即使室外温度高于40℃，仍可以通过储热体或蒸发降温方法达到舒适感觉；在暖湿气候，相对湿度70%，室外温度30℃，可以通过通风达到舒适范围。

虽然温度和湿度的合理搭配会使人的感觉达到热中和，但如果不加处理，其他因素也会影响舒适性，如非匀质的热环境和局部不舒适。当人体受到不均匀的热辐射时会影响舒适度。例如在冬天，当一个人坐在大窗户旁边时，人体的热量就会向窗户一侧辐射，而另一侧的热量辐射率差别很大。研究表明当两侧的温差高于18℉（9℃）时，人就会感到不舒适。不需要的局部冷气流也会导致整个身体舒适度的降低，如人脚部的冷气流。有研究表明，即使在一个可以达到舒适度热中和零度标准的环境中，速度高于0.254m/s的冷气流，就会影响人体的舒适感觉。温度、湿度、匀质和局部冷气

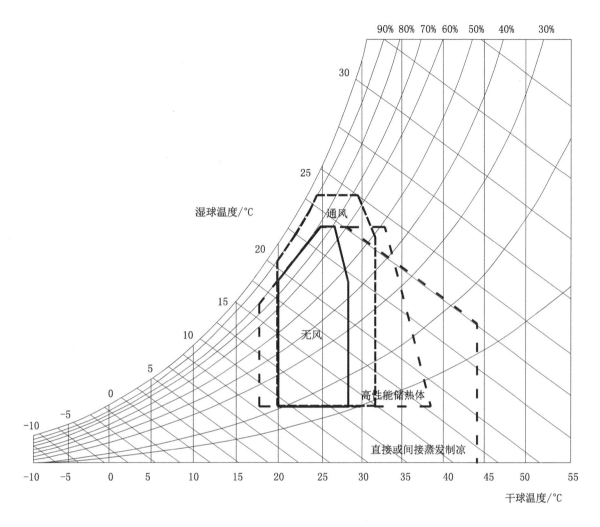

图 1-14 B.Givoni 提出的达到舒适区的设计策略

流之间相互作用，其中一项有变化，就需要调整其他项来保持相应的舒适度。例如，在寒冷的冬日里，坐在窗户旁边的人相对于坐在室内的人，就需要更高的室内温度以弥补身体朝向窗户一侧散失的热量。

以下设计策略有利于在新建筑项目中提升建筑的热舒适性：

■ 理解某一气候条件下的舒适性边界。在极端气候条件下，使室内达到热舒适性的难度比温和气候条件下大得多。强辐射、高湿度，或者寒冷的冬季温度都可以导致很差的舒适性。建筑设计的第一步便是了解当地影响舒适度的气候特点。

■ 使用隔热性能好的窗户系统。与单层玻璃相比，双层玻璃可以阻挡更多的热流，同时可以大大缓解因不均匀热环境造成的不舒适。普通的单层玻璃的 U 值为 1Btu/SFt^2 ℉（5.68W/m^{2}k），目前的多层 low-E 玻璃的 U 值可以达到 0.20 到 0.30 之间。隔热良好的玻璃可以使得热和失热降低 70%~80%，在供暖和制冷季节，可以缓解不均匀辐射的影响。

■ 使用高性能窗户。高性能窗户可以使可见光通过而隔离大部分红外光谱，大大减少建筑得热。双层低辐射玻璃产品在隔热和视觉上都可达到良好的效果。

■ 让使用者远离冷气流和不均匀热辐射源。使用者的工作区远离可能进入冷气流的入口。如果必须在入口附近放置工作区，如保安或接待台，则可以考虑设置前厅，起到热缓冲和减少冷气流的作用。在夏季，坐在一个隔热性能差，特别是没有吊顶缓冲热量的屋顶下也会感到不舒适。在设计新建筑时，更多的做法是将最外面的临近窗户的地方用作交通空间而不是固定的工作区域。这种做法可以有助于提高舒适性，因为交通空间属于间歇使用的空间，这就减少了不均匀热辐射引起的不舒适。同时保持外墙外围的开敞性，这样可以引入更多的自然采光。

■ 灵活参照舒适图表。查看热舒适图表的舒适区内的温度和湿度的组合，而不是外部的非舒适区。例如，如果需要在一个较高的温度下达到可接受的舒适度，就可以通过图表查得较低的相对湿度。舒适度图表没有区分夏季和冬季人们衣着的差别，加上年龄、性别、皮肤暴露的多少等，都会大大影响舒适区的范围。设计者应该在参考热舒适图表的同时，更要考虑到这些日常因素的影响。

第二节　节能建筑设计的准备知识

了解和学习节能建筑与建筑节能设计，首先要了解和掌握如下相关的概念和设计要素。

一、日照基本知识

（一）太阳辐射

太阳是以辐射方式不断地向地球供给能量，太阳辐射的波长范围很广，但绝大部分能量集中在波长为 $0.15 \sim 4 \mu m$ 之间，占太阳辐射总能的99%，其实可见光区中波长在 $0.4 \sim 0.96 \mu m$ 占50%，红外线区（波长 $> 0.76 \mu m$）占43%，紫外线区（波长 $< 0.4 \mu m$）占7%。

太阳辐射在进入地球表面之前，将通过大气层，太阳能一部分被反射回宇宙空间，一部分被吸收或被散射，这些过程称作日照衰减，在海拔150km上空太阳辐射能量保持在100%，当到达海拔88km上空时，X射线几乎全部被吸收并吸掉部分紫外线，当光线更深地穿入大气到达同温层时，紫外辐射被臭氧层中的臭氧吸收，即臭氧对环境的屏蔽作用。

当太阳光线穿入更深、更稠密的大气层时，气体分子会改变可见光直线方向传播，使之朝各个方向散射。由对流层中的尘埃和云

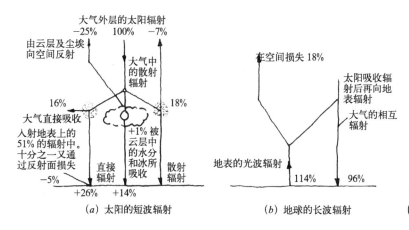

（a）太阳的短波辐射　　　　（b）地球的长波辐射

图1-15　地球上太阳辐射年总量
（以大气顶部的入射量为100%）

的粒子进一步散射称为漫散射，散射和漫散射使一部分能量逸出外部空间，一部分能量则向下传到地面。图1-15表示各种能量损失的情况，可以发现真正被地面吸收的太阳辐射能量仅是总能量的一半以下。

（二）日照变化

节能建筑要合理解决阳光对冬夏季的不同需要，首先应掌握某一地区的不同日照及太阳的角度。我们赖以生存的地球在不停地自转，并不断围绕太阳进行公转，所以太阳对地球上每一地点、每一时刻的日照都在有规律的发生变化。

地球绕太阳公转是沿黄道面椭圆轨道运动，太阳位于椭圆的两个焦点之一上，公转周期365天，地球近日点和远日点分别出现在一月及七月。除公转外，地球产生昼夜交替的自转是与黄道面成23°27′（南北回归线）的倾斜运动，这一倾斜角在地球的自转和公转中始终不变，太阳光线由于地球存在倾斜，其入射到地面的交角发生变化，相对来讲日照光线与地面垂直时，该地区进入盛夏，有较大倾角时进入冬季，由此使地球产生明显的季节交替（图1-16）。

图1-16　日照光线与地面的季节关系

当每年的6月22日（夏至），地球自转轴的北端向公转轴倾斜，其交角23°27′，这天，地球赤道以北地区日照时间最长、照射面积也最大；当12月22日（冬至），地球赤道以北地区偏离公转轴23°27′，此天地球赤道以北地区日照时间最短、照射面积最小。赤道以南地区的季节交替与北半球恰好相反。我们在节能建筑设计的日照计算时常采用夏至日及冬至日两天的典型日照为依据。

按理，夏至和冬至两日是同一地区在全年中最热和最冷日，但经验告诉我们，实际最热和最冷日要延迟一个月左右才出现，这是由于庞大的地球要受阳光照射而地表气温发生变化需要一段时期所致，即时滞现象。

（三）太阳的高度角和方位角

地球由于自转而产生昼夜，由于围绕太阳公转而产生四季。但为了简化日照计算，假定地球上某观测点与太阳的连线，来将太阳相对地面定位，提出高度角和方位角的概念。

太阳高度角是指观测点到太阳的连线与地面之间所形成的夹角，用 h 表示；太阳方位角是指观测到太阳连线的水平投影与正南方向所形成的夹角，用 A 表示，正南取 $0°$，西向为正值，东向为负值；为确定某日某地某一时刻的高度角的方位角，可通过球面三角计算，其公式：

$$\sin h = \sin\omega \times \sin\delta + \cos\omega \times \cos\delta \times \cos t \qquad （1-2）$$
$$\sin A \times \cos h = \sin t \times \cos\delta \qquad （1-3）$$

式中： h——太阳高度角

A——太阳方位角

ω——地理纬度

t——时角；以正午为 0，每小时时角 15°，下午取 +，上午取 −

δ——赤纬；冬至为 −23°27′，夏至 23°27′，春、秋分为 0°00′

为了计算方便，我们可以通过表格来查得各地及其各时的日照角度。

（四）采光系数

在实际当中，天空状况的变化对可利用的天然光影响很大，为了更好地表达天空的照度，引入采光系数的概念——由已知或假设亮度分布的天空直接或间接照射到平面上一点的照度与无遮挡天空半球对水平面的照度之比。采光系数不仅规定某一工作照度的有效性，也维持了足够的室内亮度，并且与影响室内照度的室外状况相适应，因此无论什么时候都应当达到适当的采光系数，以达到能够完成特定工作的足够照度。

由日光照射的室内照度与室外照度呈线性关系。例如，室外照度增大一倍，室内照度也相应加倍。因此为定量的研究室内外照度关系，采光系数（Daylight Factor）被定义为日光在参考点 P 产生的照度 E_p 与同一时刻室外无遮挡水平面上的照度 E_h 的比值，用百分比表示：

$$DF = E_p/E_h \times 100 \ [\%] \qquad （1-4）$$

对于全阴天天空而言，采光系数和朝向无关，任何房间的采光系数都可以在设计阶段确定。如果采光系数为已知或规定值，则可以通过计算得到对应的某一时间或季节的室内每一个参考点（取室内高 0.85m 处）的照度 E_p。

二、风

地球表面由于气压不同,高气压的大气流向低气压区,诸如此类,由气压引起的空气流动即称为风。风的形成与气压和两地高度有关,高度相同的两地,气压不同会形成风;气压相同的两地,若高度不同,则气流由高处流向低处也会形成风。研究并了解特定建筑基地范围内的风向有其现实意义,对于节能建筑设计来说,风直接影响围护结构的热渗透量进而影响建筑能耗。风对建筑的影响主要通过一些具体的物理量得以实现,如风向、风速、风压以及地形地貌等。

(一)风向和风速

风向是指风吹来的方向,一般来说按 16 个方位来划分。不同地区的不同季节有相对固定的风向,成为该季节的最多风向,也成为常风向。各个不同地区的季风,由地形及海陆分布等气候因素决定。在确定建筑的主轴、出入口和开窗的位置,以及通风、换气的方式时,必须先了解建筑用地的常年主导风向,最好实地设置风向、风速计来进行测定,或至少结合气象台的资料做尽可能详细的调查。

风玫瑰图是以"玫瑰花"形式表示各方向上气流状况重复率的统计图形,所用的资料可以是月内的或一年内的,但通常采用一个地区多年的平均统计资料,其类型一般有风向玫瑰图和风速玫瑰图。风向玫瑰图又称风频图,将风向分为 8 或 16 个方位,在各方向线上按照各方向风的出现频率,截取相应的长度,将相邻方向线上的节点用直线连接的闭合折线图形(图 1-17)。

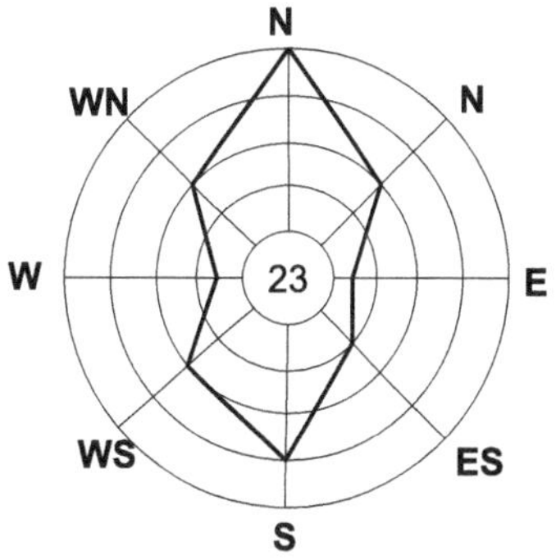

图 1-17 风玫瑰图

(二)风速和风压

由于地表的凹凸形成气流的障碍,产生气流漩涡,风的速度受气流影响,表现为在某个瞬间加强,紧接着又变弱,无法维持恒定的数值,这种变化通常被称为"风的呼吸"。所以风速一般是瞬间风速,或者用 10 分钟的平均风速来表达。风速对于墙壁的作用显示为压力,这种压力成为"风压",和风速的平方成正比,关系如下列方程式:

$$P=KV^2 \tag{1-5}$$

式中:P——风压(kg/m^2)

V—— 风速(m/s)

K——常数(0.117~0.132)

(三)风与建筑物的相对关系

对于建筑物(高为 H)而言,当风吹向建筑一侧,在其背后所形成的风阴影,通过风洞实验可以测得,其风阴影长度为 $6H$ 左右,

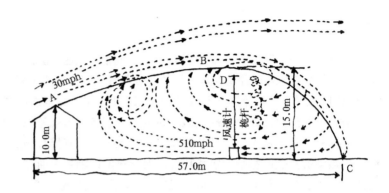

图 1-18　风阴影图

风阴影的最大矢高为 1.5H 左右（图 1-18）。

在城市中，特别要注意高层建筑风的影响。"高层建筑风"是指在建筑物周围产生的气流，超高层建筑出现的这个现象特别引人注目，其实不仅限于超高层，在中高层建筑中也能看到同样的现象。高层建筑风的影响主要体现在，由于高层建筑物的周围产生了强风，使得临近的低层建筑物的出入口难以使用，建筑物的一部分被损坏，或者是通风不良等。这些问题统称为建筑风害，建筑风害作为城市环境问题需要认真加以考虑，近年来，在许多高层住宅区项目中，建筑风害的不良影响已经越来越受到人们的注意，个别地方更是造成了一些社会问题。

三、温度

温度是气候条件的主要因素，也是节能建筑设计需要达到的主要目标之一。地球大气温度来源于太阳辐射，因此温度的变化直接与太阳运动特点有关，气温在一年中的变化称为"年变化"，与年变化相关的指标是太阳的高度角，众所周知，气温随高度角增加而增加，在北半球表现为夏热冬冷。气温在昼夜之间的变化称为"日变化"，同样，日变化也取决于太阳日照时数，最低气温一般出现在凌晨 5~6 时，最高气温在午后 13~14 时。

（一）干球温度和湿球温度

干球温度就是不通过任何特殊措施，直接测得不受阳光直射的空气温度。湿球温度是用湿润的纱布包裹温度计感温部分所测得的温度。湿球温度产生的过程是湿润的纱布中的水不断向周围空气中气化，并吸热，使温度计感温部分的温度下降。从空气状态变化过程看，湿球温度是由干球温度沿着等焓线下降到 100% 相对湿度时的干球温度。某一空气状态的湿球温度和空气的相对湿度有关，如果空气的相对湿度低，那么纱布里的水更容易气化，降温幅度就大。

反之，降温幅度就小。湿球温度和干球温度同时比较，之间的差值越大，说明该状态的空气相对湿度越低。

当干球温度较高时，是否需要采用空调设备降温，主要取决于湿球温度。如果湿球温度≤ 23℃，即使干球温度高于 29℃，制冷降温最节能的方式就是采用水蒸发冷却。我国有些地区，如新疆、西藏、青海、宁夏、内蒙古、黑龙江、贵州、云南等省区，夏天最高的湿球温度≤ 23℃，只需要水蒸发降温即可。长江以北的北方地区，只要不是三伏天，即使天气预报气温为 36℃或 40℃，但湿球温度≤ 23℃，也只需要水蒸发冷却即可。

（二）温度的影响因素

温度除了受太阳辐射强度、日照和地理纬度影响之外，还与当地的自然条件有关。一般来说，大陆性气候的日变化大，海洋性的日变化小；高山地区日变化小，山岳和盆地日变化大。除此之外，云层的影响也是温度变化的一个重要因素，并且随着离地表的高度增加而减小，一般以每 100m 下降 0.5~0.6℃。

四、湿度

（一）绝对湿度与相对湿度

湿度是反应一定区域空气中水蒸气含量的物理指标。分为绝对湿度和相对湿度两个概念，绝对湿度表示单位体积内所含水蒸气的质量，单位（g/m^3）。相对湿度是指 $1m^3$ 的空气中所含水蒸气的质量与同温度时相同空气所含饱和水蒸气质量之比（RH）。当空气温度上升后，其水蒸气含量虽然没有变，但由于空气的饱和水蒸气含量增高，相对湿度则有所降低。一般认为，湿度的变化与温度的变化成反比，早晨相对湿度较高，午后相对湿度较低。

（二）湿气和结露

所谓湿气是指空气中或材料中所含气体水分的含量。建筑材料的湿气含量直接影响材料的耐久性、强度和热传导系数等指标。湿气含量与露点温度有关，当饱和水蒸气的温度高于露点温度时，水汽以气体形式存在，低于露点温度时则表现为结露。结露现象一般发生在温差较显著的区域，如冬季玻璃内外侧等。结露在建筑中可分为表面结露和内部结露，表面结露会破坏墙面的装修效果，内部结露则会降低围护结构的热工性能。

五、热运动

（一）辐射

任何物体只要它的温度不是绝对零度，都会辐射出热。所谓辐射，是某一温度的物体所散发出的热能，以热波的方式，在空间中以一定的速度前进，到达其他物体上，再转变成热能的热传递方式，与光的传播方式大致相同。

（二）对流

液体内的温度差，以及作用于流体的外力导致的压力差所引起的流体流动现象。温度差导致的对流叫自由对流，压力差导致的对流叫强制对流。通过对流，在流体中积蓄的热能以搬运作用和混合运动的方式从一个地方向另一个地方传播。

（三）导热

物质不发生移动，热能从物体温度高的地方流向温度低的地方的现象。一般固体内部热的移动被视为导热。传导的热量的多少因物质的不同而不同，与导热系数成正比。同样温度的物体用手触摸时冷暖的感觉不同，就是因为不同物质的导热系数不同的缘故。

六、热用语

（一）热容量

将某物体的温度提高 1℃所需要的热量叫作这个物质的热容量。单位是 kcal/℃，各物体单位体积的热容量如图 1-19 所示。

（二）传热系数

固体墙壁两侧的流体温度存在差异时，热量就会从高温一侧流向低温一侧。在单位时间、单位表面积上，固体墙壁两侧流体存在单位温差时，从高温一侧的流体传向低温一侧流体的热量叫传热系数。单位是 kcal/m²h℃。不包含隔热材料，建筑的各部位材料通常的传热系数的关系如图 1-20 所示。

（三）热桥

热桥也称冷桥，结构体的两个平面相交的角部，或三个平面相交的角部等处，由于这部分的热性能相对较弱，从这部分传导流失的热量就比其他部位多，这种现象称为热桥。在冬季，热桥部位的室内侧表面温度比其他部位更容易受到室外低温的影响，而且由于室内气流易停滞不流动，热桥部位难于受到室内温暖空气的影响，

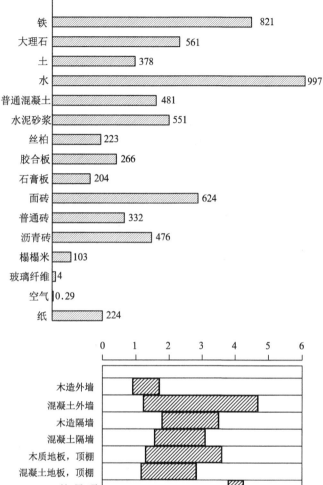

图 1-19 各种材料的热容量

图 1-20 建筑材料传热系数关系

结果是热桥部位室内一侧的表面意外的呈现出低温,容易产生结露现象。

七、体形系数

体形是建筑作为实物存在必不可少的直接形状,所包容的空间是功能的载体,除满足一定文化背景的美学要求外,其丰富的内涵和自由令建筑师神往。然而,节能建筑对体形有特殊的要求和原则,不同的体形会影响建筑节能效率。

建筑物的外形千姿百态,往往建筑设计中外形设计是纯艺术性问题,但恰恰会给建筑节能带来重大影响。由于建筑体形不同,其室内与室外的热交换过程中界面面积也不相同，并且因形状不同带来的角部热桥敏感部位增减，也会给热传导造成影响。在建筑设计过程中，选择合理的体形，对建筑节能有重要作用。

目前，体形控制主要是通过体形系数进行，体形系数是指被围合的建筑物室内单位体积所需建筑围护结构的表面面积，以比值 F_o/V_o 描述，对建筑节能概念来讲，要求用尽量小的建筑外表面，汇合尽量大的建筑内部空间，F_o/V_o 越小则意味着外墙面积越少，也就是能量的流失途径越少。我国的建筑节能规范中对体型系数提出了控制界线：居住建筑或类似建筑以 F_o/V_o 为界限，当 $F_o/V_o<0.3$ 时，体形对节能有利，为以后建筑实施节能目标提供了良好的基础；当 $F_o/V_o>0.3$ 时，表明外表面面积偏大，对节能带来负面影响，应重新检讨体形情况。规范对 F_o/V_o 的控制已有十余年，但由于建筑节能研究人员对体形系数的变化规律、应用及操作中的价值讨论甚少，使 F_o/V_o 的意义被削弱，重视不够，影响了体形控制对节能的力度。

体形系数控制与建筑形状直接相关，同时与建筑总高度或层高、建筑物进深、建筑排列情况、建筑层数等建筑要素有联系，体形系数随以上要素变化而变化，并呈一定规律。

第二章 节能建筑设计策略

第一节 场地要素与总平面设计

节能建筑设计在选择基地中主要涉及地理位置、气候特征、植被生长和人文环境等方面，基地选择的科学性、合理性将直接影响节能建筑设计的后续工作，甚至会成为节能建筑成败的关键。

一、场地分析

场地规划是整个规划中降低建筑内部热负荷的首要考虑环节，因此场地规划是能够实现最小化能源消耗的主要因素之一，尤其对以供暖需求占主导地位的区域具有极大的作用。全面的场地分析建立在对不同数据资料的收集和现场细致的踏勘基础上。

（一）场地气候数据

日晷：日晷可以用来模拟全年范围内每天太阳和阴影的位置变化。

太阳轨迹图：太阳轨迹图能够提供太阳的方位角和高度角，从而可以用来决定在一年中以及一天中的时间段，在某个特定地点可以利用的太阳能。

辐射直方图：辐射直方图通过展示太阳辐射的密度，可用于估测太阳能对建筑物供暖的潜力。

天空覆盖：确定一年中的主要天空状况，确定每月的日光模式。气象数据的分析是为了确定天空状况是晴朗、局部多云或者阴天，在一年内如何变化，哪种状况占主导地位，从而设计出建筑最小耗能模式。

日光的可用性：可以帮助设计师决定在所有天气条件下的可用日光在全年内的百分比，以及在晴朗天气条件下对应的外部照明。

风玫瑰图：可以用来决定风向、风速和风频率。风玫瑰图可以以月份为单位，也可以以年为单位。

风直方图：提供每三小时的有关风向、风频率和风速的数据。

（二）气候分析

气候分析有助于设计者了解在一年中的不同时期，通过增强或减弱某种气候特征，最大程度降低建筑物内的供暖或制冷系统的使用需求，增加人们在室内及室外生活的舒适度。气候特征包括太阳辐射、风、光、空气和水等几个方面。对整体气候分析进行改进，需要收集以下数据或者建立相应的数据库：

● 太阳光照的可能时间和可供利用的太阳辐射量；

● 有关天空状况的气候特征；

● 风速、风向以及它的出现周期；

● 空气温度，包括一年的极端温度、月平均温度和一天中温度的变化幅度；

● 空气湿度水平；

● 年平均降雨量和月平均降雨量以及降雨的天数；

● 降雪状况。

除了以上宏观尺度的气候分析外，每个具体地点的气候特征主要由具体的小气候环境决定的，包括：

● 自然特征和相关要素：地形、地面植物和其他植物、与开放水域的相邻关系等。

● 建筑物周围的环境：周围的地形、周边建筑物的体量和位置。

设计初始，要精确分析地形、水体的变化和植被面积等地方特征，它们对于整体气候，包括风的模式、周围的空气温度、日光的获得和太阳辐射能的利用具有重要影响。这些依赖于大气候条件的地方小气候特征，既可能是有利条件，也可能是不利条件。

● 风的模式：位于山顶的场地要比位于平缓地面的场地受到风的强度大 20%；深谷中的场地可能暴露于漏斗状的高速风中；海边或湖边的用地即使在无风条件下也会受到风的影响。

● 周围的空气温度：高地往往有较低的平均温度；低地有可能受到冷空气通道和地面雾气的影响，温度要比邻近高地的温度低很多；场地附近重要的水体和植被区域能显著降低周围的空气温度。

● 太阳辐射能的利用：斜坡场地因其倾斜程度和倾斜方向而接受不同角度的太阳辐射，产生不同于地面和地表的空气温度；南向的斜坡能够接受最多的太阳辐射。

在用地范围内，尤其是高密度的城市区域，需要对周围的环境，特别是对日光的获得、太阳能的利用和风的模式等方面做认真的分析。单个建筑物或建筑群在其用地内的布局，以及周围其他建筑或周边的自然景观，都会对该区域的开发潜力有决定性的影响。日照和太阳辐射的可用性会受到用地和附近区域障碍物，如建筑、高大乔木和附近山丘的影响。除了考虑这些遮蔽物的影响外，还要考虑附近的其他大体量的障碍物，以及位于用地北侧的障碍物对采光造成的影响。周围城市的结构形态或场地附近的高层建筑，都有可能引起诸如风速增加和湍流等局部风效应，用地内的障碍物还会引起风向的偏转。

（三）物理环境分析

● 地质学和水文学分析

除了以经典的场地分析方法为基础外，还要用生态和可持续的方法对一些地质学现象（如地震、山崩等）、土壤污染级别和自然水文状态进行分析。污染状况的评估不仅需要对这个场地以前的开发项目进行细致的分析，必要情况下，还需要通过实地测量加以调整。这种分析方法需要对有可能被影响的地区进行电磁辐射评估和氡污染测量。要明确地表水的流向和收集模式，以便准确预测这些特征将会对工程项目的影响。尽可能用生态学方法保持现有的水文状态，达到不破坏区域生态系统、不对周围环境造成危害的目的。因此，必须清楚用地的地下水位的变化、表面地层的排水能力以及场地上的自然排水路径。

● 空气质量和噪声污染

空气质量和噪声污染会严重影响外部空间和建筑物内部的生活质量，因此分析阶段需要调查用地所在处的空气污染和噪声污染的污染源和产生原因。通过调查确定空气质量水平，如果空气质量不达标，就应该通过场地分析确定空气污染源和产生污染的因素，从而采取适宜策略和手段保护建筑物和室外空间的环境质量。噪声污染已经逐渐成为影响人们日常生活的主要因素之一，场地分析中需要准确测量噪声污染源、噪声级以及噪声发生的时间，利用有效的针对性规划策略和手段加以控制。噪声污染很大可能是由于靠近交通设施引起的，如靠近公路、铁路、火车站、机场等；工厂、车间在工作时间段会产生大量的噪声污染；学校、医院、消防队、夜总会等社会公共场所和设施也会在特定时间内产生高噪声污染。

（四）自然和社会环境分析

用地周边重要的地形条件如丘陵、低谷、湿地以及林区都需要加以保护，并尽可能维护其自然状态。注意景观的功能，尽可能减少植被区域的破坏，减少对土基和河道的变更。对动物群和植物群的细致调查，包括对现有生物链的关注，保证用地区域内的生物多样性，维持本地区的生态。

场地分析阶段还要考虑多种社会问题，包括关注邻里区域的社会活动，理解邻里关系中的生活方式。特别要注意观察社会生活发生的空间，如集会、交流、游戏、运动等社会活动所需的场所空间。还要注意观察记录本地居民的步行路线、观察社区居民日常生活中的行为模式。

不管是保留或是创造社区空间，任何新建的可持续开发项目都至少应该保留，或加强其邻里关系中现存的社会生活，形成可持续、和谐的城市生活环境。

二、选址原则

基地条件主要从满足建筑冬季采暖和夏季致凉两方面要求来进行研究和讨论，对完整意义上的节能建筑而言，"暖"和"凉"两者偏废一项均意味着失败，而这一点往往被人所忽视。

（一）向阳原则——采暖目的

节能建筑为满足冬季采暖目的，利用阳光（日照）是最经济、最合理、最有效的途径，同时阳光又是人类生存、健康和卫生的必需条件，因此节能建筑首先要遵循"向阳"要求：

● 建筑用地应选择在向阳的平地或山坡上，以争取尽量多的日照，为建筑单体节能设计创造采暖先决条件。

● 未来建筑（向阳）前方无固定遮挡，任何无法改造的"遮挡"都会令将来建筑采暖负荷增加，造成不必要的能源浪费。

● 建筑位置要有效避免西北寒风，以降低建筑围护结构（窗和墙）的热能渗透。

● 建筑应满足最佳朝向范围，使建筑内的各主要空间有良好朝向的可能，从而为建筑争取更多的太阳辐射。

● 一定的日照间距是建筑充分得热的前提条件，太大的间距会造成用地浪费，一般以建筑类型的不同规定不同的连续日照时间，以此确定建筑最小间距。

● 建筑群体相对位置的合理布局或科学组合，都可取得良好的日照，并同时可以组织建筑的阴影效果达到遮阳目的：如建筑的错列布局可利用山墙空间争取日照；建筑类型的点状与条状有机结合；建筑的围合空间既可以挡风，又不影响日照。

（二）通风原则——致凉目的

完整意义上的节能建筑在满足冬季采暖要求的同时必须兼顾夏季致凉问题，即尽量不用常规能源消耗而利用自然提供的条件达到室内创造凉爽目的的方法，建筑致凉最古老、最合理的方法就是争取良好的通风，即利用夜间凉爽通风使室内热惰性材料降温，到白天时散失"凉气"而降温，其遵循原则有：

● 基地环境条件不影响夏季主导风吹向待建建筑物，并考虑冬季主导风尽量少的影响建筑。

● 植被、构筑物等永久地貌对导风作用的研究。

● 对一些基地内的物质因素加以组织、利用，以最简洁、最廉价的方式改造室外环境，以创造良好的风环境，为建筑物内部通风提供条件。

（三）遮阴原则——致凉目的

遮阴是建筑防止过多的夏季太阳辐射达到致凉目的的有效措施，基地遮阴条件主要来自三方面：

绿化遮阴：一切落叶乔木，叶大根茂，能起良好的遮阳目的，并能降低微环境温度。

建筑遮阴：在特定的气候环境下缩小建筑间距，使前幢建筑成为遮阴物体而形成"冷巷"。由于是建筑自身构成的遮阴，不会增加造价，但对微气候条件改善意义重大。

地貌遮阴：山坡、突兀的丘陵建造房屋，自然地貌可以形成一定遮阴，我们的祖先在战胜自然过程中有许多相似的实践。

（四）减少能量需求原则——综合目的

尊重气候条件，使待建建筑避免一些外来因素而增加冷（热）负荷，尽量少的受自然的"不良"干扰，并通过设计、改造，以降低建筑对能量的需求：

避免"霜洞"：节能建筑不宜布置在山谷、洼地、沟底等凹形基地。由于寒冬的冷气流在凹形基地会形成冷空气沉积，造成"霜洞"效应，使处于凹形基地部位的如底层、半地下层围护结构外的微气候环境恶化，影响室内小气候而增加能量的需求。

避免"辐射干扰"：夏季基地周围构筑物造成的太阳辐射增强会使待建建筑热负荷提高，建筑选址时必须避开"辐射干扰"范围，或合理组织基地内的建筑和构筑物，减少未来建筑的能量需要。"辐射干扰"一般来自玻璃幕墙的阳光辐射之热"污染"和过多的光洁硬地使阳光反射加剧。

避免"不利风向"：冬季寒流风向可以通过各地风玫瑰图读得，基地内的寒流走向将会影响未来建筑的微气候环境，造成能量需求增加。因此在建筑选址和建筑组群设计时，充分考虑封闭西北向（寒流主导向），合理选择封闭或半封闭周边式布局的开口方向和位置，使建筑群达到避风节能的目的。

避免"局地疾风"：基地周围（外围）的建筑组群不当会造成局部范围内冬季寒风的流速加剧，会给建筑围护结构造成较强的风压，增加了窗和墙的风渗漏，使室内环境采暖负荷加大。

避免"雨雪堆积"：地形中处理不当的"槽沟"，会在冬季产生雨雪沉积，雨雪在融化（蒸发）过程中将带走大量热量，造成建筑外环境温度降低，增加围护结构保温的负担，对节能不利。这种问题也同样产生于建筑勒脚与散水位置的处理、设计不当，及其屋面设计不当造成的建筑物对能量需要的增加。

三、总平面节能设计方法

建筑基地选择得当与否会直接影响节能建筑的效果，但基地条件可以通过建筑设计及构筑物等配置来改善其微气候环境，充分发挥有益于提高节能效益的基地条件，避免、克服不利因素，在节能建筑总平面设计中有广泛的余地和发展前景，总平面设计的节能意识将注重建筑与基地条件协调过程中对微气候环境的尊重，通过节能建筑设计手法达到节能的目的：

（一）"开敞南空间"

建筑在基地中应坐（西）北朝南，南侧应尽量留出开阔的、在空间和尺度上许可的室外空间，以利争取较多的冬季日照及夏季通风。

（二）"风影区"概念

在建筑北侧留出的空间应有效地采取技术措施防止冬季寒风对建筑的影响，应使建筑处于免受西北寒风干扰的"阴影"内，可以通过植被或构筑物、总平面的合理布局，将寒风引离建筑区域，使寒风对建筑的影响程度降至最小。

（三）利用"自然空调"

在建筑南侧空地内设置水面、喷泉，不但可以依赖水体蒸发使微环境炎热条件改善，而且在冬季可利用水面强化太阳辐射的反射作用，使建筑立面吸热的外部来源增加，提高建筑冬季的日照得热。

（四）"植土降温"

南侧基地广植绿化、减少硬地，在夏季可以有效调节热辐射，减少日照反射对建筑的影响。植被可以吸收大部分入射的太阳辐射，通过光合作用将吸收的小部分辐射转化为化学能，通过这种作用减少城市空间所受的辐射强度。曝晒于太阳光下的树叶所吸收来的辐射能量大部分通过蒸腾作用消耗掉。绿地和植被通过它们所具有的土壤水分蒸发、反射、遮阳和蓄冷等功能，能够极大的降低城市的空气温度。绿地的温度要比周围高密度建筑区的温度低5~10℃。城市的空气湿度往往低于周边地区，树木通过土壤水分蒸发吸收并释放水分，从而增加城市空气的湿度。植被区和高密度树木区的相对湿度要比无植被区域高出3%~10%。由于蒸发的水平与植被的密度、树叶外表温度和空气的相对湿度又有一定的比例关系，因此炎热干燥夏季的蒸发效果是最佳的，而冬季效果则最低。

（五）"阴影保护"效应

在建筑总平面组群设计时，缩小建筑间距，形成东西向"狭窄"的道路·利用建筑物间的阴影达到夏季阳光屏障效应，对节能建筑的夏季致凉不失为有效的方法。

（六）消除"恶性风流"

在建筑群体组团设计时，应消除造成不良的基地内部的"局地疾风"的隐患，对建筑防风性能而言，这种室外不良风流称为"恶性风流"，如：角落风、尾流风、漏斗风等（图2-1），会增加建筑采暖负荷，并给基地内的行人造成坠物危险。

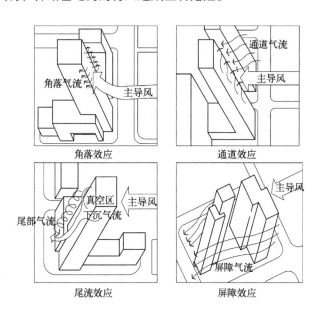

图 2-1　恶性风流

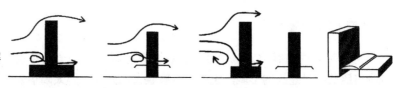

图 2-2 高层建筑恶性风流及缓解措施

高层建筑周围会产生恶性风流，尤其在城市空间中，要尽可能的通过设计布局和绿化设计减弱或消除可能产生的恶性风流。以下方法可以有效缓解这种情况（图 2-2）：

● 设置底层裙房：利用此方法使强风的范围向裙房的上方移动，对于步行者来说风速降低的效果明显。

● 建筑物下层设置大的顶盖：可抑制建筑迎风面的涡流与建筑侧方的下降强气流。但顶棚的一部分会承受很大的风压。

● 裙房与高层之间设置透空层，高风压部分的能量可以从透空层释放掉：建筑迎风面的涡流与分离流很大程度上也会减弱，但是通过透空层的风速会增加。

● 在人行道上方设置屋面：高层建筑的迎风面有低层建筑时，它们之间会产生由逆流引起的强风，设置屋顶就是为了防止强风。

（七）利用"掩土"节能

掩土建筑作为独特的建筑形式，若干年来其冬暖夏凉的室内舒适环境被大家所公认，节能建筑在总平面设计时利用"掩土建筑原理"，将建筑的北侧基地填高，使建筑底层半埋入土层中，可以有效防止冬季北风，并可利用"地热"或"地冷"改善室内小气候条件（图 2-3）。

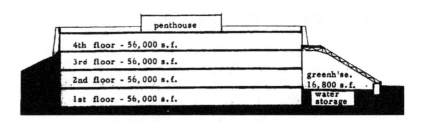

图 2-3 掩土建筑剖面

（八）"绿化屏障"效应

绿化是一种改善微气候、具有高度综合价值的规划布局要素。通过绿化可以设置风障，降低冬季风速，减少建筑物和场地外表面冬季热损失。夏季，通过良好的绿化设计，可以有效地引导通风和遮挡来自太阳的直接辐射热，还可以遮挡来自地面以及周围建筑物的反射热。落叶乔木在夏季遮挡阳光，而冬季又可使阳光有效通过。城市绿地在很多方面对城市环境致凉和城市生活的丰富性具有显著影响，城市公共开敞空间的环境条件能大大影响到公共空间使用者的舒适感，从而影响公众对开敞空间的利用率，这一点在气候恶劣的地区或季节显得尤为重要。建筑周边的植被类型和分布形态会改变自然光、自然风对建筑的作用，影响建筑室内的舒适条件，并影响冬季供暖以及夏季制冷的能耗。除了具有调节城市宏观气候和建筑周边小气候的功能以外，城市植被还具有控制空气和噪声污染、增加城市美感等功能。

植物对风的影响在很大程度上取决于植被的种类和布局（图2-4）。草坪对于风的阻力最小，可以构成良好的通风条件。灌木可减弱地面和灌木丛上方的风势，处于该地区的人明显感觉受到这种效果。树木的种类和密度对于近地面风具有明显的影响。密植的一行树木可以阻断空气的自由流动。乔木和灌木的搭配也可以起到引导气流方向的作用。在一块场地上散植高大树种，可以集中加强树冠下方的气流，从而改善树下地面处的通风条件。密植一排树木或一片树林将极大地削弱风速，起到防风屏障的作用。

建筑周边植被对建筑周边环境的影响根据季节不同有所不同，夏季主要是通过植物的遮阳作用降温，冬季主要用于降低风速，具体体现在以下几方面：

● 树冠高的树木以及靠近墙和窗的藤蔓植物可以为建筑提供遮阳，减少建筑吸收的太阳辐射。

● 墙上藤蔓及墙体附近较高的灌木除了能提供遮阳外，还可以明显减弱墙体附近的风速。

● 建筑周边种植植物的地面能减少对太阳辐射的反射，并减少自身的长波辐射，从而减少墙面对该辐射热量的吸收，降低夏季建筑通过太阳辐射及地面长波辐射吸收的热量。

● 夏季，建筑附近密植的植被可以降低建筑表皮附近的温度，因此减弱了建筑通过热传导和渗透方式吸收的热量。

● 冬季，植被可以降低建筑物周围的风速，降低寒冷气流的渗透率，以及建筑的供暖能耗。

城市绿化对于空气污染具有直接或间接的影响。直接影响是，

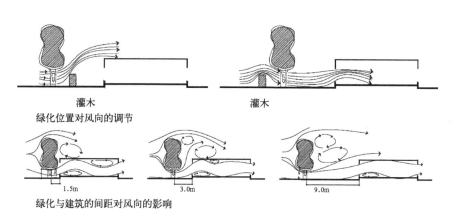

灌木　　　　　　　　　　　　灌木
绿化位置对风向的调节

1.5m　　　　　　3.0m　　　　　　9.0m
绿化与建筑的间距对风向的影响

图 2-4　绿化对风的影响

图 2-5 绿化隔声降噪

植被可以过滤空气中的部分污染物（如粉尘、有害气体、烟灰等），间接的影响是对于城市开敞空间，不管其是否有植物覆盖，都可以改善通风，从而改善空气污染。城市通风影响着污染物的稀释，尤其是对于在街道近地面处由汽车尾气排放的污染物。

植物的过滤作用随着单位面积绿叶覆盖率的增加而增加，不同植被类型的净化效应的强弱也是不同的，依次是乔木、灌木、草皮。

植物对噪声的缓解作用十分有限，但结合具体有效的设计及植物带给人们的显著心理作用，可以实现更舒适的环境。街道沿线的行道树并不能有效地减弱周边建筑所受到噪声影响的程度，但可以通过树叶对声波的吸收有效地减少声音的混响时间。如图 2-5，在居住与街道之间设置升起的种植绿化带，可以起到固体屏障的作用，这些树木形成了噪声隔离区，提高了缓冲区域消除噪声的功效，同时，绿化带还可以减弱通过反射作用进入缓冲带另一边建筑区域的噪声。

（九）利用构筑物

挡风墙（导风墙）及挡风树在基地总平面设计中的灵活组合，可以调整和改善基地小气候状况（图 2-6）。

（十）"下风向致凉"

大面积的水面在蒸发过程中可以带走大量的热量，使周围微气候发生改变，在夏季尤其是位于水面下风向的基地环境更能直接受益而致凉。因此，在节能建筑的总平面布置时应尽量使未来建筑位于湖泊、河流等水面的下风向，或布置于山坡上较低的部位，达到夏季致凉目的。

（十一）"雨水收集"

在场地设计中，充分利用地形、地势条件，保持水土，维护生态平衡。其中硬质的地面和屋顶因减少了原有场地自然状态的雨水渗透的面积，可以采取相应的设计手段：硬质地面尽可能采用可渗透地面铺装，最大程度保持水土平衡（图 2-7）；屋顶尽可能设计为可以收集雨水的形式和构造，最大程度的利用雨水，如雨水浇灌、中水冲厕等。雨水收集系统一般包括过滤系统、蓄水系统和净化系统组成。屋顶雨水相对干净，杂质、泥沙及其他污染物少，可通过

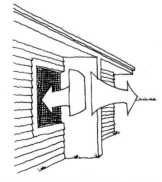

图 2-6 导风墙可以适当引导风向

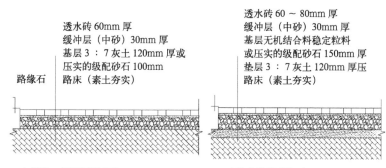

透水砖 60mm 厚
缓冲层（中砂）30mm 厚
基层 3：7 灰土 120mm 厚或
压实的级配砂石 100mm
路缘石　路床（素土夯实）

a. 人行道、广场渗透地面

透水砖 60 ～ 80mm 厚
缓冲层（中砂）30mm 厚
基层无机结合料稳定粒料
或压实的级配砂石 150mm 厚
垫层 3：7 灰土 120mm 厚压
路床（素土夯实）

b. 小汽车道渗透地面

图 2-7　渗透地面构造层次

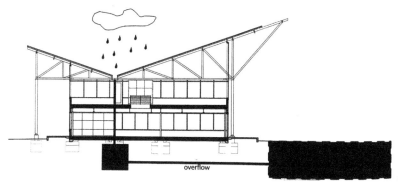

图 2-8　温洛克国际全球总部大楼
屋顶雨水收集系统

简单过滤后，直接排入蓄水系统，进行处理后使用；地面雨水杂质多，污染物源复杂，经过粗略过滤后还必须进行沉淀才能排入蓄水系统。

如图 2-8，美国阿肯色州首府小石城温洛克国际全球总部大楼屋顶雨水收集系统设计。屋顶采用倒转的钢网架形式，屋顶设计收集的雨水用来场地植物浇灌。收集的雨水顺着导流管流至设置在地下的储水箱，过多的雨水会流向场地东北侧的码头水系。

节能建筑总平面设计涉及内容广泛，各种方法要视用地具体条件、气候特征与使用者不同要求而选定，有些方法之间存在紧密的关联。尤其要注重使总平面设计达到夏季致凉、冬季采暖的双重目的，真正改善室内小气候条件。除此之外，尚有许多设计方法可以发展，建筑师在此有职责去探索研究。

第二节　节能建筑的单体设计

节能建筑不是应用现有"产品"，安装于建筑物之中即可的初级阶段，如果如此，那建筑物只能称之为"有节能措施的建筑物"。节能建筑是运用满足人体舒适要求的技术措施、设计方法，以及现代科技最新成果，结合建筑设计的每一环节，与建筑物配件有机组合、综合协调，提供良好舒适条件、降低能耗、减少污染，具备可持续发展系统的节能型建筑。

节能建筑设计涉及众多的技术领域，从方案设计与技术设计，到空调系统、照明技术的节能方法，乃至建筑的物业管理，无不涉及建筑节能概念和意识。节能建筑设计工作的初步阶段——方案设计的节能方法正确及措施得当是建筑节能的关键问题。节能建筑单体设计要综合建筑周边的各项要素，并结合建筑自身功能布局，使建筑在使用过程中可以最大化地利用各种有利条件，同时减弱不利条件对建筑能耗的影响。把建筑内部的功能空间需求与建筑的朝向和建筑体型相协调匹配可以大大减少能量消耗，同时提高热舒适性。例如，计算机实验室因为机器散热大，则需要放置在北向或东向，可以减少为设备降温的空调使用量。利用建筑空间布局的被动式节能设计的优点显而易见，但其缺点是有一定的局限性。很多情况下如一些住宅单元只有一个对外朝向，就难以坚持此项原则。

为了明确节能建筑单体设计的方法，我们将通过建筑为满足冬季采暖、夏季致凉、降温措施等方面分别研究它们的规律和原理，以找到相应的设计方法，来指导节能建筑的设计与研究。

一、满足冬季采暖的节能设计

在严寒的冬季，建筑向自然索取热量，最有效、最直接、最廉价的源泉是阳光，太阳向人类提供生存的必需条件，给我们温暖和光明，人类生活将无法离开阳光。建筑的起源和历史沿革无不与尊重阳光、利用阳光紧密相联。节能建筑的冬季采暖将首先运用阳光提供的热能，利用技术手段和设计方法将此热能引纳入室，并通过建筑措施保留、贮存这些热能，改善室内热环境。

（一）采集

太阳给地球带来强大的取之不竭的能量，人们要利用阳光所提供的能量却需要花费高昂的代价，并只能利用其中的极少部分，大量的能量在历史的长河中堆积、流逝。

节能建筑研究提高利用阳光提供能量效率的方法，其中运用相应的技术措施和设计方法，尽量多地采集阳光提供的能量进入建筑室内，是建筑利用自然条件、适应气候环境的重要问题。

"采集"是建筑节能的保证，也是最有效的方法。

南向敞开度：建筑的南向（向阳面）应有足够的开敞程度，没有不良遮挡，有一定的宽阔地带，没有造成影响日照的"因素"。

加大日照面积：尽量增加南向日照面积，缩小东、西和北的立面面积，可以争取较多的采热量。同时可使能量流失的量最小。要求在平面组合中，注意运用本原则，尤其复杂平面更应考虑增加"采热量"的意识。

墙面平直：为了减少外墙长度，要求建筑避免不必要的凹凸，节能建筑以采集热量为目的，尤其注重建筑南侧墙面要平直，避免建筑自身阴影对建筑"采热"带来影响。

建筑朝向正确：建筑向阳布局是采热的基础，应使尽量多的室内空间有好的朝向，保证向阳墙体和窗发挥采集热量的功能作用。

被动式太阳能建筑集热方式：半个多世纪来，被动式太阳能建筑在建筑实践中积累了丰富经验，重视与建筑充分结合，发掘建筑本身的技术因素达到建筑节能，在"采热"方向，有 Trombe 墙、附加日光间等措施。

外墙吸热性能：建筑外墙的材料、位置合理将可以成为能量"采集"的构件，建筑师应调整好墙体构造设计，使"采集"到的热量能持久、均匀地提供给室内，这要求对受日照外墙探讨其遮挡情况、材料、厚度的选择及构造设计问题。

调整窗面积：窗是能量"采集"的主要途径，又是热量散失的重要因素。因此应正确协调好窗面积，根据不同的使用情况和不同的立面需要，调整窗面积；尽量加大向阳窗体面积，缩小热流失严重的北窗等。

外墙面色彩与质地：墙体色彩深暗、表面质地粗糙对吸纳热量有利。

加强间接日照：阳光所提供的热量主要是直接透过窗进入室内，但也可以间接地通过室外地面、构筑物反射进入室内。节能建筑应有效组织阳光进入室内的途径，尽量多地加强阳光反射以吸纳更多的能量，间接日照主要有：硬地反射、挡板反射、水面反射等（图2-9）。

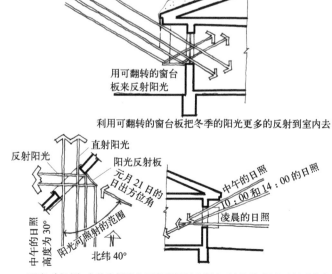

用可翻转的窗台板来反射阳光

利用可翻转的窗台板把冬季的阳光更多的反射到室内去

反射阳光　直射阳光

阳光反射板

元月21日的日出方位角

中午的日照高度为30°

阳光可照射的范围

北纬40°

中午的日照　10：00 和 14：00 的日照

凌晨的日照

西南（东南）向的房间往往可以利用竖向阳光反射板把阳光反射到室内

图 2-9　加强间接日照的措施

有组织的天窗：玻璃天窗是阳光入室的有效途径，处理不当也会成为夏季阳光辐射的"灾难源"。因此应确定有利于冬季射入阳光的天窗位置，如利用台阶式建筑之间设置面向阳光的天窗，并要组织好天窗室内的日照调节——遮阳问题，以克服天窗给夏季带来的过热因素。

上述"采集"自然能量的方法是利用建筑设计本身的规律，不会花费高昂的代价，但对建筑节能却是有效的"采集"方法。

（二）贮存

阳光所提供的能量被采取相应措施引入建筑内部以后将会很快地通过进来的路线向外流失，如果不采取一定的技术手段来减缓其流失，满足保存能量的目的，通过花费一定造价、十分艰难地引入（采集）的能量将无法改善室内舒适环境。"保存"的概念主要基于以下考虑：

● 延长流失时间：能量失去是必定的，问题在于尽量延缓其流失速度。

● 保持条件稳定：室内条件应克服短时间内的骤变，舒适环境要求温度在一定时段的相对稳定或呈渐变过程。

● 多次反复利用：在能量流失过程中应采取措施改变其能量方式或流失途径，以使能量不直接流向室外而是经过多次反复应用，从高温空间到低温空间，物尽其用后流失于大气之中。

● 提高能量质量：能量质量反映在能量对人体传导过程中表现的舒适程度，能量通过墙体吸纳，然后由辐射来影响室内传递到人体表面，就应使吸热墙体有足够面积，墙体内温度分布宜均匀，不能使室内的几片墙体存在明显温差，造成热辐射的不均匀，以至影响能量质量。当然，这些问题包含于其他吸热方式之中。

为了在建筑设计中达到能量保存的目的，建筑师仅需在平面调整构配件设计等方面具备节能意识，就能有效贯彻能量保存的需要。主要方法如：

● 温度分区："温度分区"的概念：建筑物内的空间按其功能不同对温度的要求也不一样，主要空间的温度要求较高，可以布置于采集太阳热能较多的位置以保证室温；而温度要求不高的辅助房间可以放在西北侧，一方面可以利用主要房间的热量流失途径达到加温，同时可作为主要房间热量散失的"屏障"，利用房间形成双壁系统，以保证主要房间的室内热稳定。建筑师利用空间温度的不同需要，通过平面区域的温度划分，将相同温度要求的空间组合在一起，并利用室内空间本身作为温度保存的措施，使热能物尽其用。

"温度分区"意义：建筑室内利用温度分区，可以改善室内舒适条件，通过将采集到的有限热量进行合理组织与分配，更符合建

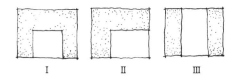

Ⅰ   Ⅱ   Ⅲ   图2-10 温度分区示意图

筑的使用要求，避免造成不必要的能源浪费，具有建筑节能的现实意义；同时通过温度分区改变了能量流失的途径，对能量起一定的保护作用，使室内环境条件保持稳定。

"温度分区"方法："温度分区"主要有以下方式（图2-10）：

Ⅰ围合法；Ⅱ半封闭法；Ⅲ"三明治"法。

● 体形控制：建筑体形控制就是限制建筑外墙总长度，在有限的体积范围内尽量减少围合该体积的面积，外墙长度越小，室内采集到的热量的流失途径越小，能有效地起到能量保存的作用。体形控制是一个复杂的综合因素，涉及众多的问题，体形控制是能量保存的一个重要因素。

● 散热体的"几何中心"：采集太阳能的方式是多样的，但其位置往往处于外墙部位，而这种部位却对热量的保存带来不利，表现为夜间热量的反向辐射，减少了对室内的热作用。为了避免这一问题，我们主张采集热量的部位应处于建筑平面的中心部位，以利散热均匀和稳定，并起良好的保存作用。然而受建筑功能和造型制约，往往无法满足"几何中心"要求，那么我们可以将一些备用采暖设备、发热体布置于平面的中心位置，将会起较大的节能作用。

● 余热利用：室内必须满足舒适的温度条件，同时应满足室内空气品质要求，即室内空气需适度的与室外新鲜空气交换（换气），如果不加考虑地引入室外低温的空气，而将室内热空气排离，对利用能源方面是很大的浪费。我们可以采取余热利用方式，达到换气但少损失能量的保存目的，如双向对流吸热法（图2-11）；同时，诸如厨房余热、电器热、人体散热都是可以通过技术方式加以利用的能量。

● 窗的控制：窗是热渗漏的主要途径，其热量损失是墙体的三倍以上，要使得到的热量持久地保存于室内，必须有效控制窗的面积、位置和构造。

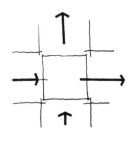

图2-11 双向对流吸热法

窗面积：要协调好采光、吸纳热量与热流失三者的关系，针对不同立面的热损失情况合理进行窗的设计，尽量少开没有吸纳热量作用的窗，以削弱能量的损失。

窗位置：室内竖向温度分层由下至上逐渐提高，高度越高，室温越高。以窗为界线其室内外温差就越大，热量流失越剧烈。所以以热量保存为目的，宜设置低窗满足人的视线高度，尽量避免外墙上的高窗。

窗构造：窗的热量流失大部分是通过缝隙漏气、玻璃选材不当造成的，应处理好窗的密闭性问题，同时在造价许可情况下选择保温玻璃或双层隔热玻璃，以提高窗本身的热工性能。

● 围护结构保温构造：热传导主要是通过建筑围护结构进行，为了满足室内保存温度之目的，对围护结构进行保温是必须的：

墙体保温：通过设保温材料增加墙体的热阻，达到保温的目的。

屋面保温：常在屋面防水层下设保温层，来改善屋面热工性能。

窗的保温：窗具有可开启特点，窗的保温构造也常做成活动保温板，通过手控来进行窗的保温与吸热交替。

● 利用"热过渡空间"：在建筑的开口部位，如门，是热量流失最厉害的地方，应增设门斗或门廊，以形成热过渡空间，使热量不至于由于门的频繁开启而大量流失。

● 楼梯间保温：住宅楼梯往往采取开敞式，以节约造价，但正因为如此，住宅室内的大量热量从楼梯间流失，造成极大能源浪费。因此我们主张从节能与人体舒适条件出发，以冬季采暖与保存为目标，楼梯间同样要封闭及设相应的保温措施。

节能建筑设计的难点和关键是将白天日照丰富时过剩的热量贮存在相应的"物体"之中，待夜间室外气温下降，室内无补充热源时通过辐射释放贮存起来的热量。贮存所用"物体"是一个复杂的因素，必须满足高热容、周边设极佳的保温层、需要时又能顺利散热，可以是具体的物体，也可为建筑物中的某组成部分或建筑本身，涉及高新科技，也可利用最常规的手法达到相同的目的。

室内蓄热：利用建筑室内构配件进行热量贮存，通过合理选用高热容材料，正确设定其相应位置达到蓄热的目的。

材料：

砖：价廉，性能较好（表面粗糙，涂成深色，一砖半）；

混凝土：质重，蓄热良好（表面毛糙，涂成深色，300厚）；

水：技术复杂，性能较好（做成水槽或水柱）；

金属：昂贵，散热较快，稳定性差。

设置：

墙体位置：常设于内墙位置，并使其居中；

地面位置：在楼板受日照部位加重质量，表面毛糙，用于蓄热或在地面层以下以卵石蓄热；

陈设：利用家具、陈设来蓄热。

相变材料蓄热：利用结晶潜热相变材料蓄热是在复合墙体内设相变材料（如硫酸钠），通过物相变化达到蓄热目的，是建筑热量贮存方法的发展方向，其高效率的热量辐射可以大大改善室内热环境（表2-1）。

几种用于潜热蓄热的盐类 表2-1

	转化温度（℃）	反应潜热（W·h/kg）
氯化钙	29～39	48
碳酸钠	32～36	74
磷酸钠	36	73
硝酸钙	40～42	58
硫酸钠	32	67
硫代硫酸钠	49～51	50

土层蓄热：泥土是很好的热贮存体，但要处理好土层周边防水隔热，保证土层散热的单向性，以真正达到改善室内条件之目的。

系统蓄热：利用贮热水箱贮存热能不失为一种简单有效的方法，将白天多余的太阳得热通过水网盘管吸热成温水，不断贮存于有良好保温措施的热水箱中，夜间再通过管网输送回室内空间。

（三）释放

采集太阳能以达到建筑采暖目的，一部分能量被利用，另一部分则通过技术措施贮存了起来。到夜间，一旦失去太阳得热的补充来源，被贮存起来的热量通过释放以保持室温稳定。释放热量要恰到好处，过早或过迟、过强或过弱均会造成室内温度不适。热释放以辐射方式进行，应保证辐射对室内相对稳定地传热，必须使贮热单元的温度达到均匀，并对其辐射方向作好组织，以使"能尽其用"：

热滞后散热应用：热滞后散热也称之为散热时效，是与材料的热容量、导热性及厚度有关（图2-12），其计算式：

散热时效（小时）=42×厚度（m）×热容量/导热性

利用材料的热滞后，可以使材料中贮存的热量满足室内温度条件，需要其释放热量时再散失热量。为了达到该目的，我们应了解贮热最大值与室内需要热量（如深夜）之间的时间差，通过计算、确定材料厚度、选择满足热滞后要求的材料（以热容量和导热性为依据），应用这些方法将可以使室内温度保持相对稳定，改善室内热舒适条件。但是，如果材料散热时效过大，会给夏季致凉带来不利。比较理想的办法是，高热容的贮热体不是室内所有墙面，可以是南

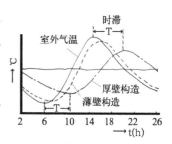

图2-12 时滞

立面（除窗以外）一部分面积，经特殊设计，如用材、厚度选用、构造得当，达到热滞后散热目的，以减轻夏季致凉的负荷。

辐射源位置和数量：辐射源应选择在建筑几何中心位置，并与室内空间无任何遮挡；应用地面层以下的卵石贮热，其楼板要做薄板，以保证辐射指向室内，提高采暖效率。以冬季采暖为目的，辐射源数量越多越好。

被动热网散热：即应用将白天多余的太阳得热贮存起来的热水箱，在无太阳得热的夜间通过一定的管道网络将热水送到使用空间，利用管道散热达到释放的目的，但其造价相对较高，施工比较复杂。

二、满足夏季致凉的节能设计

节能建筑夏季致凉是一种被动式致凉方式，即不消耗常规能源，通过对室外微气候的改造和组织，运用建筑设计方法及与建筑密切结合的技术措施，创造夏季凉快的室内舒适环境，夏季致凉节能设计有以下原则：

夜间降温：炎热夏季的白天受太阳辐射影响，室外气温远高于室内舒适温度，这时如果将室外"热浪"引入室内将是莫大之灾难，故应在白天隔绝空气流通（关闭门窗等），只在夜间当室外气温下降低于室内受白天辐射而升高的室温，通过通风及天空辐射使室内降温，将室内高热容材料降温，同时"蓄冷"，以利在次日白天起致凉作用。

白天少得热：如前所述，除夏季白天紧闭门窗外，通过有效的遮阳和墙体隔热构造，都能使建筑减少白天的吸热量，达到降温的目的。

蒸发散热：建筑可以利用绿化，水体蒸发带走建筑室内或室外微环境的热量，这是一种有效的方法，同时可创造优美的绿化环境，改善空气清新程度。但在室内应注意解决由此而湿度增高问题，因为湿度过高，以人体舒适条件而言，温度降低幅度就应越大，会影响人体舒适度。

当然，目前很多建筑是借助于空调设备，通过消耗电力达到室内制冷，我们不反对应用空调解决室内舒适环境问题，但以节能意义而言，考虑建筑的可持续发展问题，我们主张通过节能建筑设计方法来改善夏季致凉条件，不消耗常规能源，应用自然气候条件提供的"力量"，改善室内夏季热环境。

（一）通风致凉

夜间自然通风致凉是最有效的方法之一，夜间室外凉爽的气流通过室内合理流动、经过使室内气温下降，主要解决以下问题：

洞口朝向：应使建筑洞口正确地朝向当地夏季主导风向，并应通过窗扇形式的合理应用以利于将风引入室内。中国南方以东南向为夏季主导风向；在室外微气候气流组织方向，我们可以借助于构筑物、绿化来导风。

洞口面积比例：以通风而论，洞口越大越好，但以效果来讲，通风优劣取决于出风口（北立面上洞口）的面积大小。如果片面强调北向开小窗（冬季保温目的）而忽略了夏季通风问题，将会使节能建筑失去价值，因此应有合理的洞口面积比例，达到通风的最好状况。

穿堂风：讨论通风效果问题常用"穿堂风"的概念来评价，穿堂风是指风流通过整个室内空间的能力，这牵涉到洞口面积比例，更要考虑洞口的相对位置，保证室外凉爽气流进入洞口后能"覆盖"室内平面，并在人体高度范围内通过，再由下风侧洞口排出。

吸风口位置：以人体舒适条件论，吸风口位置应越低越好，因为室外凉爽气流进入室内（温度较高），其气流会呈上升趋势，如果吸风口位置较高，气流又向上腾起离开室内，人无法受益，降低了通风效果，故以夏季通风致凉为目标，窗宜设低窗，阳台门应做落地门，阳台栏板应为漏空栅栏，在某一细小环节上任何不合理之处，均会影响通风效果。

烟囱效应：如果以室内自然换气方式来讨论通风效果，由普通室内外窗的换气简图（图2-13），可以看出中性带在窗的中心轴上，当设置拔风井后其换气如图所示，中性带上升，窗全部变成流入口，通风效果有类似的情况。只要增加吸风口，就可以大大改善室内通风效果；从流体力学可以得到，空气向上流动速度与拔风井高度差成正比，拔风井起加速抽风的作用，两者作用将对通风起关键作用。

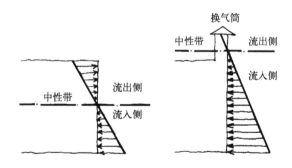

图 2-13 烟囱效应图示

（二）夜间辐射

室内气温受白天太阳辐射影响升幅较大，到夜间室外气温下降后，室内温度将大于室外温度。按辐射传热原理，室内向室外有热辐射过程，尤其作为已降温后的天空，可大大地增加室内向外的辐射量。夜间天空辐射对夜间室内降温有较大作用，为了达到夜间天空辐射目的，要求尽量减少建筑外墙洞口与室外空间，尤其是对天空的阻挡，在遮阳设计中应探讨遮阳与夜间辐射之间的矛盾。

（三）遮阳

遮阳是为达到白天少得热的有效措施，除受太阳辐射影响最严重的洞口设遮阳，在实墙面位置也可以设一定遮阳措施，以减少墙体接收的太阳辐射，降低吸热量，达到降温目的。

（四）墙体色彩与质地

外墙表面宜选用光洁、色彩淡雅的表面材料，以利反射太阳辐射，尽量减少墙体吸热量。

（五）隔热构造

建筑受太阳辐射影响严重的部分应设隔热构造，如屋面做架空层隔热层，墙面设隔热保温层等将有效地阻止室外气温对室内的影响，设置隔热构造是建筑夏季致凉的有效方法。

（六）屋面降温

屋面节能主要是通过改善屋面的热工性能阻止热量的传递。据测算，夏季室内温度每降低1℃，空调便可减少能耗10%，而人体的舒适性会大大提高。加强屋顶保温节能对建筑造价影响不大，但节能效果却非常明显。屋面节能的主要措施有保温屋面（根据构造形式可分为外保温、内保温和夹心保温）、架空通风屋面、坡屋面、绿化屋面、蓄水屋面等。

喷淋屋面或蓄水屋面可以降低屋面对太阳辐射吸收量。屋面淋水可以通过蒸发降温，效果好，造价高，构造复杂；蓄水屋面可以成为冬暖夏凉的温度"调节器"，蓄水屋面通过上部所设的可控保温隔热板对冬夏二季的合理控制，可以起夏季降温，冬季采暖的作用，效果甚好，但防水构造比较复杂。蓄水屋面降温采暖如图2-14所示。

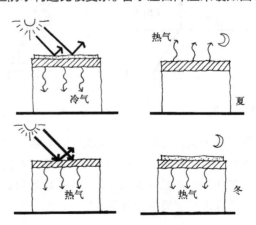

图2-14　蓄水屋面的"调节器"作用

绿化屋顶能有效降低屋顶及其下层的温度。土壤的蒸发作用（evaporation）和植物叶子的蒸腾作用（transpiration）结合而成蒸散作用（evapotranspiration），可起到降温效果。植物、土壤和排水层可作为有效的隔热体，绿化屋顶表面吸收的太阳热量不易向下传递。传递到下层室内空间的太阳热量减少，使室内环境更易达到舒适程度。绿化屋顶还有助于舒缓城市热岛效应。

绿化屋顶还可以带来更多益处。大部分雨水被土壤吸收之后，透过蒸散作用重回大气，减少经由建筑物雨水管道排走的雨水。此外，由于土壤具有吸收和固着污染物和养分的能力，流经绿化屋顶的水明显较为洁净。绿化屋顶的植物和土壤也能吸收部分气体及微粒空气污染物，舒缓空气污染问题。柔软的植物和土壤还可以吸收声能，由此减少进入室内空间的噪声。

现代绿化屋顶严格根据欧洲和日本等国家数十年来的研究成果和应用经验而设计，是一个由耐用物料组成的轻质多层系统。即使处于水分完全饱和状态，整个系统的总重量也能维持在每平方米120公斤左右，因此现存建筑物均有足够的强度承托。由下而上包括底部的防根层，用以避免建筑结构被植物根部侵入；排水层使水分迅速流走；过滤层用于阻止泥土颗粒进入及堵塞排水层；储水层可储存及供应水分，供植物生长；土壤层的作用是为植物提供水分、养分及固定植根之用。由下至上的分层详细内容如图2-15所示。

第一层是由强固塑料薄膜制成的防根层，用以阻止植物根部穿进建筑物屋顶结构；第二层为排水层，有浅凹的塑料排水层内含空间，可借由重力流动把水排走。塑料排水层呈小杯状，可储存由上面流下的水，供植物生长之用，过多的水会横向流走。塑料排水层具有足够强度，承受上方物料及植物的重量；第三层的过滤层是直接覆盖在排水层上面、状似布质的薄层耐用物料。过滤层的作用是阻止土壤颗粒（特别是细小颗粒）进入排水层，确保土壤物质不会在排水层积累而造成堵塞而导致排水不畅；第四层为储水层，以石英矿物绝缘纤维压制而成，内有大量孔隙，可储存相当多供植物生

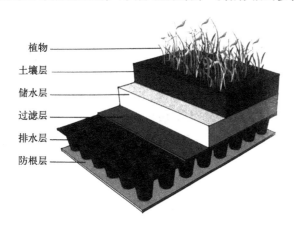

植物
土壤层
储水层
过滤层
排水层
防根层

图2-15　种植屋面层次示意

长使用的水分。储水层的基本用途是储存来自降水和灌溉的水，供植物使用。

屋顶绿化可种植的植物种类很多，草坪是具有实际作用的植被，可承受人流往来践踏，草本植物或灌木也可在屋顶种植，还可以栽种蔬菜，但因覆土深度需要及屋顶风速等因素不宜种植树木。

绿化屋顶的灌溉系统最好选用自动喷洒系统。该灌溉系统会把水压控制在指定值，将水喷洒至某一指定距离。开始和结束时间均由电子控制器调节。此外，须在系统中加设雨水侦测仪，以在接收某一设定雨量时自行关闭灌溉装置，这是绿化屋顶节约用水的重要方法。

第三节　建筑节能构造设计

节能构造设计主要包括建筑围护结构的保温、隔热措施及其解决防湿、防结露、防冷热桥等问题的设计方法，而其中外墙由于占全部建筑围护结构的 60% 以上，通过外墙的耗热量约占建筑物全部耗热量的 40%，提高外墙保温热性能对建筑节能具有重要意义。

一、保温节能设计

保温材料的种类很多，按照其在构件中的作用可分为两种，一种是附着在承重结构上的附加保温材料，一般为面材、卷材，或者是要喷射到结构上的松散材料，包括聚苯乙烯、矿棉、玻璃纤维、聚氨酯和某些天然材料，如麻、羊毛、鸭绒等；另一种是构件本身具有承重和保温双重功能，如加气混凝土、轻质混凝土、多孔砖等。

常见的保温材料有：

● 玻璃纤维：玻璃纤维常为松散颗粒状或棉絮状，作为填充物的棉絮状玻璃纤维常用于室内保温层。

● 喷涂保温泡沫：常用于一些高性能居住建筑中。该种泡沫以液体状态被喷涂到墙面或屋面结构中，甚至是一些结构缝隙处，因此保证了保温层的连续性。

● 刚性聚苯乙烯：具有高热阻值，耐久性好，且价格适中。两种主要的聚苯乙烯为 XPS 和 EPS，后者对环境的影响更小。

● 气凝胶（空气胶）：被称作冰冻的烟（二氧化硅烟雾），其99% 成分为空气，透光不导热。九十年代开始用于太空的登陆机器人仪器的保温。是比较昂贵的材料，而且该种材料易碎。最新的研究可以使气凝胶达到很高的强度，这种材料是把气凝胶与聚酯纤维毡结合起来，使其强韧而柔软，同时具备极好的隔热性能，成本也大大降低。目前该种隔热材料还只能嵌入到墙体或屋顶结构中实现保温效果。研究人员正在研究能替代玻璃的可以大量推广的气凝胶产品，如气凝胶窗户、透明墙体等，到时将会大大减少窗户和墙体的热损失。

● 矿棉：矿棉因其良好的防火性能，在工业和商业建造中应用广泛。

根据保温材料在墙体中所处的位置，可以把墙体保温分为内保温、外保温、中间保温等。

（一）内保温

作为保温内衬，内保温主要由保温层和其内侧的饰面材料组成（如石膏板或贴面砖）。保温材料可以粘贴或机械性固定在墙体上。若采用挤压方法固定保温材料，对其保温性能的影响很小，而穿透式固定却会降低20%的保温性能。内保温使建筑结构部分成为建筑的外表面，降低了建筑的热惰性。另外，窗框和内外墙交界处会使保温材料间断，从而产生热桥，补救措施如在墙壁和地板间插入保温材料，用局部连接件将其与周围构件连接起来，但会影响建筑的抗震性。

（二）外保温

外保温是保温层设置在墙体外表面，其外有一层外饰面层保护其不受室外气候和其他潜在危害的影响。外保温有三种类型（图2-16）：

● 附加的覆面层：保温层由连接件固定在结构上，通过一个与结构连接的附加框架固定外面的饰面层。这些饰面层可以根据其具体位置选用小型块材或盖片、护墙板、板条或大型板材；

● 在保温层外设置薄的或厚的涂层：保温层可以粘贴或用钉子和膨胀螺栓（金属或塑料）固定在结构上，然后在保温层加固的板条上抹一层薄的（有机材料做的）或厚的（水解性材料做的）底层，最后再加上一层罩面层；

● 贴面板：贴面板预先在工厂内固定在保温层上，然后把复合的预制墙板送到现场，以机械方式固定连接到结构上。贴面板可以用金属、塑料或强度较高的砂浆制成。

一般来说，机械固定会破坏保温层并降低外墙的保温性能。其降低程度视固定的类型、形状和外墙上的密度而定。对常用的外保温系统来说，其降低度为5%~40%。外保温措施保护了外墙与内墙或楼板等处的连接，避免出现热桥。阳台常会中断保温层并形成热桥，尽管已有一些改善措施来阻断热桥，但在地震区域的可行性还有待证明。

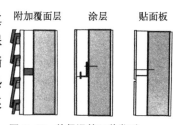

附加覆面层　　涂层　　贴面板

图2-16　外保温的三种类型

（三）组合保温

一种是将保温材料设置在支承墙体面层的轻型（木或金属）框架结构之间。在墙体面层的内侧或外侧都可以加设保温材料。这种方式可以避免由框架结构造成的热桥；另一种是由砌块砌筑而成的单一材料墙体，即承担保温功能又是承重构件。由砂浆层将砌块连接在一起可获得较好的热工性能。砌块由加气混凝土、轻骨料混凝土、多孔空心砖等制成。厚度为20~45cm，可有效减弱热桥现象。

屋顶保温层的位置分为两种，一种是保温层位于防水层下，一种是保温层在防水层上。后者需要以较厚重的保护层（细砾石、铺板）置于保温层上。

二、隔热节能设计

隔热考虑除外墙部位需设置外，屋顶由于受太阳辐射影响最大，同样应设隔热装置。建筑隔热与建筑保温有相似之处，有时保温措施同样达到隔热目的，但两者的热流方向相反，构造措施有各自特点。

隔热材料是利用其松散特征，热量不易通过，达到阻隔热流的目的，隔热材料一般密度越低越好，但若太低反而会使导热系数变大，这是因为松散材料的空气含量度高，其空气间隔相通而形成热对流，加速其传热速度，从而提高传导系数，给隔热带来不利。隔热材料分为下列三类：

填充类：可利用纤维状（玻璃棉、岩棉等）、粒状（稻秆、膨胀石粒等）、粉状（硅、藻土等）填充于夹墙之间或顶棚上侧，形成隔热层；

板块类：与保温材料一样，将隔热材料制成板块状，如石棉隔热板、聚苯板等；

反射类：即铝箔等热反射材料，置于空气层之间，为防止反射材料表面结露，反射材料宜放在空气层中的高温一侧，利用对辐射反向的特性来隔热。

空气层隔热：这是一种廉价的隔热方式，是将"空气"作为隔热材料的特殊做法，由于其良好的隔热性能，在隔热构造设计中被经常采用。

空气间层的隔热原理是通过降低传热达到隔热目的，空气间层内（图2-17）的传热方式由三种方式组成，即：

●高温侧表面向空气的直接导热；

●空气间层内部空气的自然对流换热；

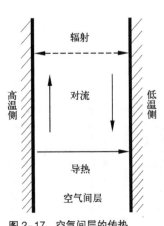

图2-17 空气间层的传热

● 空气间层两侧表面间的辐射换热。

以上三种传热方式又因为下列条件的不同而产生差异：

● 空气间层厚度：厚度越大，则空气对流换热加快，当厚度达到某程度时，对流换热与空气热阻效果互相抵消。因此，当空气间层厚度达 1cm 以上时，再增加厚度，其热阻几乎不变。从图 2-18 中反映空气厚度与热阻的关系，可见厚度在 2~20cm 之间，热阻变化很小。此外，一层 10cm 厚的空气间层与二层 5cm 厚的空气层相比，后者的热阻较前者可提高二倍左右；

● 热流方向：如图 2-19 所示，当热流方向向上时，传热最大，热阻最小，表现为保温差；当热流方向向下时，原则上不产生对流，传热最小，热阻最大，表现为隔热效果良好，垂直空气间层介于二者之间。这就是对于水平构件而言设空气间层对隔热是有效的，而对保温几乎没有作用的原因；

● 空气间层的密闭程度：尽量满足空气层的密闭程度，但是建筑施工现场很难保证密闭，室内外空气可能直接侵入，传热量会增大，隔热性能降低，下表反映了空气层热阻与厚度、密闭度等的关系；

● 两侧表面的光洁度：空气间层内两侧的表面会存在一定温差，如果提高内表面光洁度，将可以反射热辐射，使辐射换热减少，一般常在高温一侧覆盖铝箔层，可以大大提高墙体隔热性能。

空气间层隔热应用：空气间层被用于炎热气候地区，主要隔热部位在屋面、墙体、双层窗中，隔热效果好，但存在以下特点：

● 增大了墙体面积，使得房率降低；

● 由于空气层两侧的墙体受结构稳定限制，必须设一定的连接件，这些连接件应做好隔热措施，防止冷热桥产生；

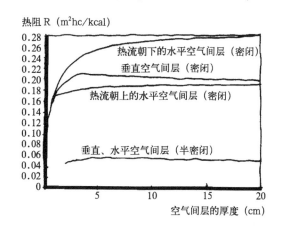

图 2-18 空气间层厚度与热阻 R_0 的关系（1kal=4.184kJ）

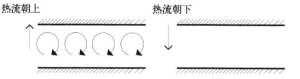

图 2-19 水平空气间层的热流方向与对流

● 空气间层设于墙体部分，起隔热和保温双重作用，而水平构件（如屋面）则仅起隔热作用。

三、避免热桥（冷桥）

热桥是指外墙和屋面等围护结构中的钢筋混凝土或金属梁、柱、肋等部位。常见的热桥一般处在外墙周边的钢筋混凝土抗震柱、圈梁、门窗过梁，钢筋混凝土或钢框架梁、柱、钢筋混凝土或金属屋面板中的边肋或小肋，以及金属玻璃幕墙中和金属窗中金属框和框料等。钢筋的导热系数为混凝土的 120 倍，混凝土的导热系数为发泡聚苯乙烯板的 40 倍。在室内外温差的作用下，导热系数大的材料会形成热流密集，称为热桥。

热桥通常会造成外围护结构保温措施的缺陷。早期在很多被动式住宅中很少设置阳台，即是因为阳台板出挑会形成热桥，影响外围护结构的整体隔热性能。随着技术与产品的不断发展与更新，解决阳台热桥的措施也已逐步实现并推广。如德国的 Schoeck Isokorb 产品，承重阳台板最大可出挑 3m，可实现承重阳台与楼板结构间的有效隔热，同时满足防火、抗震要求。图 2-20 显示了该技术的原理和安装示意图。

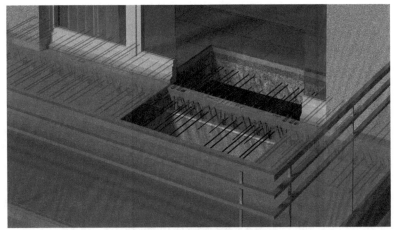

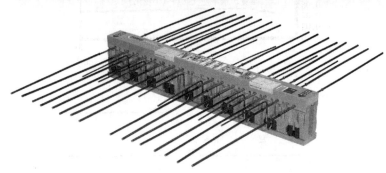

图 2-20　Schoeck Isokorb 阳台避免热桥设计

四、预防结露

节能建筑常采取保温隔热的方法提高建筑的对室外气候条件的阻隔，以稳定室内温度条件。但是，如果处理不当，就会在围护结构部分产生结露现象，影响表面美观和墙体热工性能。

结露是由于有一定相对湿度的湿空气接触到寒冷壁面（该壁面温度低于湿空气的露点温度），湿空气呈饱和状态，并将多余的湿气以液态方式析出，而形成壁面结露（图2-21）；除表面结露外，还存在建筑材料内部的结露问题，这是因为湿空气的水蒸气压在壁体两侧，由于温度不同而形成的水蒸气压差在壁体内形成由高压到低压的递减关系，当水蒸气压在壁体内遇到低温而使该部分饱和水蒸气压减少而析出水分，形成内部结露。

结露的危害：

壁体表面污损：由于结露使表面装饰层出现水迹、污斑，甚至霉变，影响美观，加速了装修材料的破坏速度。

造成结构破坏：柱和墙体内部如处理不当而形成的内部结露，会导致木结构腐蚀、钢筋锈烂、砖墙粉化而影响结构强度，是十分危险的。

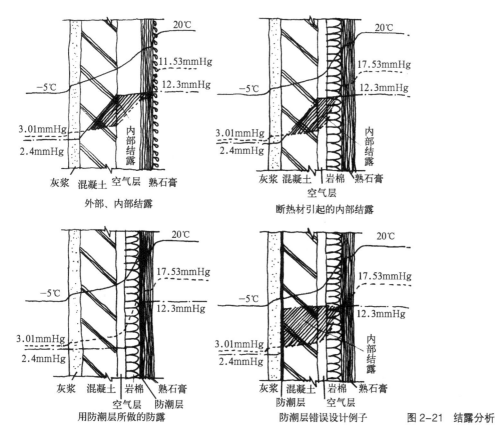

灰浆 混凝土 空气层 熟石膏
外部、内部结露

灰浆 混凝土 岩棉 熟石膏
空气层
断热材引起的内部结露

灰浆 混凝土 岩棉 熟石膏
空气层 防潮层
用防潮层所做的防露

灰浆 混凝土 岩棉 熟石膏
防潮层 空气层
防潮层错误设计例子

图2-21 结露分析

削弱热工性能：壁体内部含露水，会造成壁体保温隔热性能下降。

结露的防止措施：

通过一定的技术措施是可以克服建筑结露，防止结露的基本方法有：

降低室内空气的湿度：湿度降低露点温度也变小，可以减少结露的发生可能，可采取去湿机、减少水汽蒸发、通过换气来清除室内水蒸气等。

增强壁体的热阻：热阻增加，室外低温就很难侵入壁体内部和内表面，无法达到露点温度以下，可以有效防止结露。常用方法是在壁体增设保温材料同时，在高温一侧设隔汽层，可有效防止内部结露。

提高壁面温度：直接在壁体表面加热，可以防止壁面温度过低，而防止表面结露，常被用来玻璃面防露，但工艺复杂，大量性壁体中较少使用。

第三章　节能建筑的太阳能利用

人类所使用的能源主要来自于太阳能——太阳光辐射能量。地球上众多能源（生物能、风能、煤炭、石油、天然气等）都来自于太阳，目前，人们对太阳能的利用主要集中在光热、光电和光化学直接转换的范畴。太阳能在建筑中的利用主要是指把太阳辐射能收集起来用于抵消建筑的部分运营能耗的一种方式。太阳能既可以主动利用，也可以被动利用。主动式即全部或部分运用太阳能光热、光电技术来提供能源的太阳能利用方式；被动利用是一种完全依靠建筑朝向和周围环境的合理布置、内部空间与外部形体的巧妙处理、材料和结构的恰当选择，收集储存以及分配太阳能热能的建筑。

第一节　被动式太阳能建筑设计

人们在古希腊古罗马时期就发现太阳对建筑物构筑的影响很大。古时人类洞穴入口朝向阳光，在冬季阳光便可以温暖室内，夏季靠周边树阴遮挡阳光，使洞穴凉爽。苏格拉底（古希腊哲学家，公元前469~公元前397）设计的阳光房（图3-1）展示了如何利用阳光和对冬季、夏季太阳高度角的控制研究。

最早有记载的被动式太阳能建筑试验实施于1881年，美国的一位名叫莫尔斯（E.S.Morse）的教授使用表面涂黑的材料装在玻璃下面，玻璃固定在建筑向阳的一面，墙上设有孔洞，整个设计使房间里的冷空气从黑色墙体的下方排出房间，然后在玻璃与黑色墙

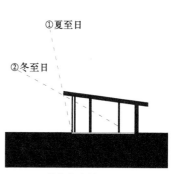

①夏至日
②冬至日

图3-1　苏格拉底的阳光房

体之间被加热而上升，热空气在顶部重新压迫进入房间，形成循环。1940 年，美国太阳能建筑的先驱威廉·科克和乔治·科克兄弟在伊利诺伊州设计了第一幢美国被动式太阳房。法国人 Felix Trombe 博士在 1956 年首先提出特隆布墙（Trombe Wall）的概念，使被动式太阳能应用技术得到发展。

建筑设计中被动式太阳能利用可以为建筑提供全年清洁、可靠、舒适的采暖和致凉。虽然这可能增加房子的前期投入，但从长期看来，与普通建筑相比，被动式采暖和致凉节约的经济效益十分明显。在大多数需要采暖的地区，被动式采暖可以承担很大部分的冬季采暖负荷。被动式调节是一个相对独立的方式，适用于世界各地。如果在某地发生自然灾害破坏了电能设备，空调、锅炉将会停止运转，而太阳房则不会受到影响。被动式建筑有利于销售，随着能源价格上涨，一幢既省钱又节能舒适的房子比传统的每月需要交付高额电费的房子更有市场优势。

被动式太阳能主要是利用了建筑本身对太阳辐射的吸收、贮存、释放的特性。入射至任意建筑表面上的太阳辐射可以发生以下三种情况：被表面吸收、被表面反射和透过表面。表 3-1 列出若干建筑材料对于长波辐射（低温辐射）的辐射率及短波辐射（太阳辐射）吸收率的标准值。

若干建筑材料的辐射率和吸收率　　　　　　　　表 3-1

材料表面	对低温的辐射率	对太阳的吸收率
铅	0.05	0.2
石棉板	0.9	0.6
沥青	0.95	0.9
砖（深色）	0.9	0.65
砖（红色灰沙砖）	0.9	0.55～0.7
混凝土	0.9	0.65
漆（白色）	0.9	0.3
漆（黑色）	0.9	0.9
石板瓦	0.9	0.9
红瓦	0.9	0.4～0.8
刷白屋面	0.9	0.3～0.5

要想验证对于太阳辐射的各种吸收率的效果，最简单的办法是去露天停车场用手触摸在阳光照射下的汽车顶盖。表面为黑色或深色的顶盖较白色或浅色的更烫手。同理，任何深色表面或靠近建筑物的沥青地面，当受到日光照射时要比白色或浅色表面热。这些热

表面反过来又会将其吸收的热量向周围环境辐射出去。因此，建筑物周围环境的材料选择对于该建筑物的微气候会产生很大影响。

窗户是建筑物直接获得太阳辐射的部位，而窗户能透射太阳光线的是玻璃，波长在 300~2800 μm 范围内的太阳辐射能透过玻璃，该辐射能的光谱分布如图 3-2 所示。玻璃受到的太阳辐射是短波辐射，即高温热源辐射，短波辐射可以透过玻璃进入建筑物内部。这种热能在建筑物内部被各种表面吸收，使其温度升高而成为低温热源。这些表面所放射的辐射为长波，不能透过玻璃，能量便停留在结构内部并使之升温，玻璃的这种特性直接导致了"温室效应"（图 3-3）。

被动式太阳能建筑（也称"无源太阳房"）是一种让阳光射入室内，不需要附加采暖或制凉设备，不消耗常规能源，对自然提供的能量加以应用的完整的建筑节能系统。被动式太阳能建筑成功的关键是：

- 建筑物具有一个非常有效的绝热外壳；
- 南向有足够数量的集热表面；
- 室内布置尽可能多的贮热体；
- 主要采暖房间紧靠集热表面和贮热体；

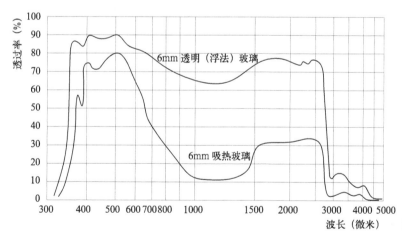

图 3-2 透过玻璃的辐射能光谱特征

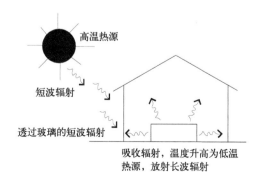

图 3-3 温室效应

- 室内组织合理的通风系统；
- 有效的夜间致凉、蓄冷体系。

一、直接受益式系统

建筑物利用太阳能采暖最普遍、最简单的方法，就是让阳光透过窗户直接照射进来，达到提高室温的目的（图3-4），可以节约常规能源，主要解决取暖问题。

 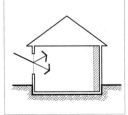 

图3-4 直接受益式系统　　　方式1　　　　　　　方式2　　　　　　　方式3

（一）太阳得热

- 采热面（玻璃窗或墙体）尽量正南：由于夏季遮阳的原因，采热面应尽量避免东南和西南向，在寒冷地区，西向采热面得热效果也比较明显，建议可以采用。
- 选用透过率高的白片玻璃：白片玻璃是一种较好的选择，并且玻璃窗与建筑构件要充分结合，尽量做到建筑的各个空间都有玻璃窗，包括应设法将阳光照到北向房间。
- 尽量使阳光能照射到贮热体：应该十分重视直射光线对贮热体的照射，如楼板、墙体，有时反射的阳光同样可以通过扩散照射到房间深处的贮热体上，起到稳定温度的作用，但效率较低，一般经验是贮存同等数量的热量，非直接照射贮热体要比直接照射的贮热体大四倍。

（二）贮热体

- 贮热体要与室外隔热：贮热体宜质量大、颜色深、机理凸凹，常用混凝土、砖、夯土等制成，要求能贮存大量的热量，即有较高的热容量，为了使贮热体所贮存的热量不向外界流失，贮热体的近室外一侧必须有良好的保温措施。
- 贮热体越多越好：贮热体是房间室内温度稳定的保证，当房间无阳光时，贮热体散热是"代替"太阳能的有利助手，因此贮热体数量宜多，位置均匀、效率高。
- 混凝土墙贮热较好：轻质结构很难起贮热作用，不建议采用，对直接受益式系统而言，重型结构可以使室温保持较长的时间，并且从材料的综合特性可知，混凝土的贮热性能最好。

（三）活动保温装置

为了保证房间的热稳定，必须有相应的围护措施，以使阴雨天、夜间的向外热流失降低，除增加玻璃层次外，也可采取相应的措施达到保温目的，如：

● 手动的可控系统：比较简单的方式，可以采用硬质保温板（白天取出，夜间插入）、折叠式保温板、织物或复合材料保温帘等。

● 珠墙方式：在两层玻璃间通过压缩空气填入（或吸出）泡沫塑料小珠以加强夜间保温的方式，造价较高。

二、对流环路式系统

建筑物在围护构件部位设计为两层壁面，在两壁面间形成封闭的空气层，并将各部位的空气层相连形成循环，在太阳辐射（或备用电机）产生的热力作用下，依靠"热虹吸"作用，产生对流环路系统，在对流循环过程中壁面间的空气不断加热，不断使壁面材料贮热或在热空气流经部位设计一定的贮热体，达到加温壁体、使其在室内温度需要时释放热量、满足室内温度稳定的目的。

对流环路式系统可以在墙体、楼板、屋面、地面上应用，也可用于双层玻璃间形成的"空气集热器"，效果较好。初次投资较大，施工复杂，技术要求较高，但利用太阳能采暖效果很好，能兼起保温隔热作用。

（一）集热面

该系统需设置向阳的集热面，其垂直高度要大于 1.8m，以获得良好的"热虹吸"效果，使集热面内空气层中的空气有足够的向上流速；空气层宽度一般取 100~200mm。

（二）风口

在对流循环过程中，如果室内需要被加热了的双层壁体内的空气，可以通过风口来控制，风口应设置防逆流装置，并利用门的开合来控制室温。

（三）隔热考虑

夏季，对流环路会给室内条件造成灾难，这时可以设计相应的对流环路阻绝板，将对流终止，这时静止的空气间层是很好的隔热体系，这种考虑在冬冷夏热地区尤其重要，如图 3-5 所示。

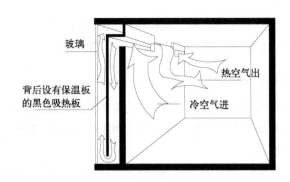

玻璃

背后设有保温板
的黑色吸热板

热空气出

冷空气进

图 3-5　有效防止反向对流的"U 形
管集热器"

三、蓄热墙式系统

蓄热墙系统是综合直接受益式与对流环路式两种系统的太阳能得热方法，主要由外侧玻璃面、空气间层和内侧贮热体构成，并在贮热体上开设相应的有一定高差的风门，以调节空气间层内被加热的热空气流入室内的量，最终达到控制室内温度环境的目的。由于蓄热墙系统低造价，与建筑容易结合，采暖水平较高，便于控制，得到广泛的应用，常用的方式有以下几种：

（一）特隆布墙

在建筑立面上与窗组合，并避免遮挡，可起良好的采暖作用（图 3-6）。蓄热墙厚大约 300mm，采用混凝土、砖、夯土等，表面深色、毛糙以便加热，墙上设置进风口和出风口，其垂直间距 1.8m，在太阳光作用下玻璃与蓄热墙之间的空气不断加热、上升，形成自然对流以加热室内空气。

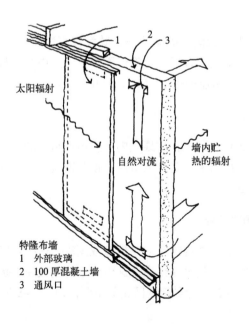

太阳辐射

墙内贮
热的辐射

自然对流

特隆布墙
1　外部玻璃
2　100 厚混凝土墙
3　通风口

图 3-6　特隆布墙构造示意

（二）水墙

使用水作为储热体，热容性好，贮热温度分布均匀，但构造复杂，造价较高。

（三）致凉方式

利用特隆布墙的"热虹吸"现象，可以加快室内通风速度，在建筑室内的北墙下部开一个与北面阴凉外空气相通的洞口，通过特隆布墙可以吸纳北侧凉爽空气进入室内。

四、附加日光间系统

附加日光间是利用空间达到采暖目的的方式，是一种特殊的直接受益形式，常在建筑的南向缓冲区（阳台、廊、小门厅等）增加透明玻璃成为封闭空间，其中设置一定的贮热体，在太阳辐射作用下，缓冲区迅速升温，一部分被贮存，一部分通过组织进入室内空间，改善室内舒适条件。附加日光间系统的得热方式如图 3-7 所示。

附加日光间应妥善解决好夜间由于玻璃面积较大而造成的散热量增加的问题，一般设多种保温措施，覆盖玻璃面以保存热量，达到温度稳定目的。为了满足夏季通风致凉要求，附加日光间的玻璃面应考虑能全部打开，以利夜间有良好的通风条件。

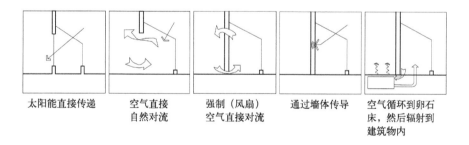

| 太阳能直接传递 | 空气直接
自然对流 | 强制（风扇）
空气直接对流 | 通过墙体传导 | 空气循环到卵石
床，然后辐射到
建筑物内 |

图 3-7 附加日光间的几种形式

第二节 主动式太阳能利用

一、太阳能热水系统

（一）太阳能热水系统的组成

太阳能热水系统主要是由集热器、传热媒介、管路系统、储水箱及附属构件（循环水泵、支架、控制系统等）五部分构成（图 3-8）。

集热器是太阳能热水系统的核心构件，是热量采集的源头。集热板一般可分为平板式、热管式及真空管式三种类型。判断集热器集

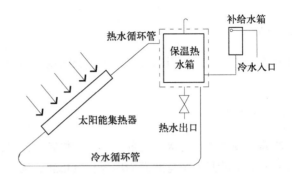

图 3-8　太阳能热水器的工作原理

热特性的指标为集热器的瞬时效率，它表示在集热器处于稳定能量平衡条件下，任何一段时间内，流体从集热器所获得的有效热量与该时间内投射到集热器面积上的太阳辐射能的比值。集热器除了吸热表面的集热涂层应具有良好的吸热性能，还需要一定的保温措施及耐候性能。目前市场上常见的两种集热器为用液体作为传热媒介的平板式集热器和真空管集热器。平板式集热器的吸热表面基本为平板状，而真空管式集热器一般采用透明管，并在管壁和吸热体之间设置真空。

在北半球，集热器朝向应为南偏东至南偏西各 20° 范围内，其性能相差无几。集热板对水平面的倾角应等于所在的纬度数。若倾角小于纬度数 15° 时，就等于放弃了冬季热能输出量。反之，若倾角大于纬度数 15° 时，效果相反。为了得到最大的热能年输出量，集热器最好能随着季节的变换而不断旋转倾斜角度以垂直地接受太阳光照。

储水箱应设置与大气相通的通气管，并与热水出水管、冷水入水管连接。储热容量大小由用户根据需求自行选定。家用太阳能热水器容量一般不超过 600kg。有些集中式的热水系统，储水箱容量可达 5~10t。

（二）热水系统与建筑一体化设计

太阳能热水系统与建筑一体化关键在于将太阳能热水系统元件作为建筑的构成因素与建筑整体有机结合，保持建筑统一和谐的外观，并与周围环境、建筑风格相协调。要实现太阳能集热器件与建筑深层次的结合，设计师应当从设计的初始阶段就将太阳能热水系统的"元件"作为建筑的构成元素加以考虑。将各个"元件"根据其运行的条件与原理有机地融入到建筑之中。分离式热水系统由于"集热元件"与"储热元件"分离设置，并且"集热元件"由于其尺度、色彩、构造易于与建筑相协调，故在一体化设计中受到设计师的青睐。太阳能热水系统集热器与建筑的一体化设计方法主要有以下几种形式：集热器与建筑屋面的一体化、集热器与建筑墙体的一体化设计、集热器与阳台的一体化设计。

● 集热器与建筑屋面的一体化

屋面是建筑与阳光接触最充足、受到日照时间最长久的构件，最不易于被遮挡。因此也是一体化设计中的最有效的方式。平板式、真空管式集热器均可以安装在屋面及外立面上。当屋面倾斜角度在15°~35° 倾角较好，35° 以上时，由于屋面较陡，集热器安装比较困难，低于 15° 时，会存在排水困难、积雪及表面难以自洁等问题。平屋顶上安装集热器时应先做倾斜构架，再固定集热板，因此会增加投资的 20%~30%。也不利于以后屋面的维修，因此集热器最好安装在有一定坡度的屋顶上。所以在建筑设计之初就应该考虑到以后集热板的安装角度问题，使建筑屋面坡度与集热器相协调。

传统的集热器安装常采用附着在屋顶的方式，集热器或者嵌入屋面内或者与屋面脱开一定距离形成重檐式（图 3-9）。目前技术条件下，安装在斜屋顶的集热器形式主要有标准构件型和集热器屋顶模块两种形式。

标准构件型是标准的大尺寸模数板块。具体安装方式为：在屋面结构层完成以后做好气密层、保温层，并固定龙骨，标准构件型集热板可以做到彼此间紧密相连，以替代屋顶的防水层并排水。集热器的入水管和排风管一般安装在靠近屋脊处，出水管和进风管安装在下部靠近屋檐处，还要为单管混合到总管预留空间，因此，集热器与屋脊、屋檐要保持足够的间距（分别 ≥ 80mm、≥ 300mm）。另外集热板与屋面间还要保持 200~300mm 的间层以利于通风散热。这样的系统的有效面积为 75%~80%。集热器屋顶模块是工厂预制集热器——屋顶一体化模块。包括完整的屋檐、通风层、气密层、保温层和集热器。这样的模块系统安装中，屋顶土建部分可以只做到屋架梁，整个集热器屋顶模块安装在屋架上组成完整的建筑屋面。在安装过程中要注意为管道铺设预留足够空间。这种系统的有效面积最大可达 90%。

最近，瑞典能源公司开发了一种传统屋面与太阳能相结合的技术"SolTech"，即太阳能玻璃屋面瓦，适用于混凝土结构的屋面（图3-10）。与通常的太阳能板相比，这种透明玻璃瓦很好地与建筑融为一体，安装更简单、效率更高。它可以替代任何屋面或用作开敞

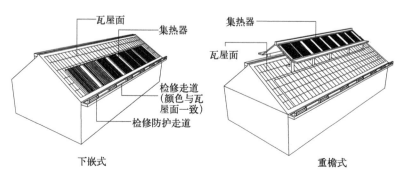

下嵌式　　　　　　　　　　　重檐式　　　　图 3-9　集热器的安装形式

空间的顶部构件，如运动场、游泳池、花园平台、高尔夫俱乐部、宾馆等室外空间。透明的玻璃瓦下面安装有液态吸热模块，收集太阳辐射热能并与采暖热水系统相连接（图3-11）。也可在玻璃瓦下安装 PV 板发电（图3-12）。

● 集热器与建筑墙体的一体化设计

安装在外立面的集热器存在管道系统敷设困难，安装面少，易被遮挡，倾斜角度难以满足最佳倾角的问题。在现代城市中，高层办公、住宅建筑普遍。因高层建筑的热水使用终端较多，其屋面面积无法满足集热器的布置，因此，利用高层建筑的向阳面墙体与集热器一体化的设计是很好的选择（图3-13）。能在墙面上安装太阳能集热器的前提条件是向阳墙面没有被周围建筑

图 3-10 太阳能玻璃屋面瓦

图 3-11 玻璃瓦与太阳能热水系统

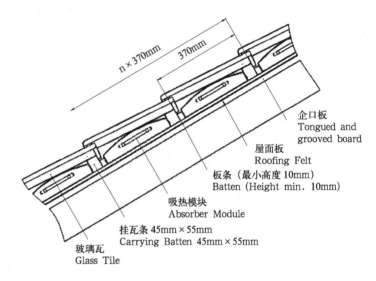

企口板
Tongued and
grooved board

屋面板
Roofing Felt

板条（最小高度10mm）
Batten（Height min. 10mm）

吸热模块
Absorber Module

挂瓦条 45mm×55mm
Carrying Batten 45mm×55mm

玻璃瓦
Glass Tile

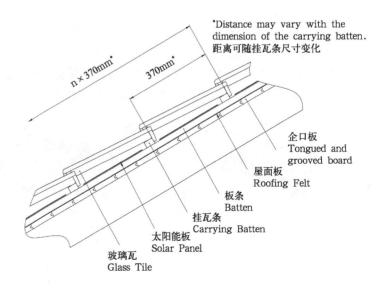

*Distance may vary with the
dimension of the carrying batten.
距离可随挂瓦条尺寸变化

企口板
Tongued and
grooved board

屋面板
Roofing Felt

板条
Batten

挂瓦条
Carrying Batten

太阳能板
Solar Panel

玻璃瓦
Glass Tile

图 3-12 玻璃瓦与太阳能光电板系统

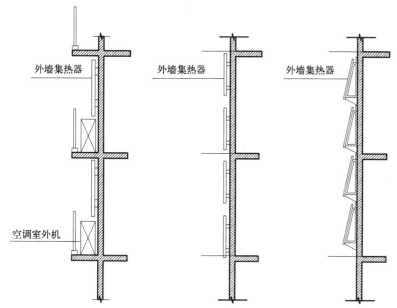

图 3-13　墙面安装集热器示意图

物或树木遮挡。垂直面上的采热量比正确安装在屋面上的集热量要少 30%~35%。

●集热器与阳台的一体化设计

阳台是建筑重要的向阳构件，接受的日照时间和阳光的接触角度仅次于屋面，而阳台面积较屋面要大得多，因此，阳台也是集热器与建筑一体化的理想部位（图 3-14）。真空管集热器多用在阳台挡板或遮阳雨篷上，如果管轴线的最小倾斜角度达到一定程度，还可以采用暖管（Heat—Pipe）集热器。

另外，除了以上常与集热器一体化设计的方式外，其他可以与太阳能热水系统一体化设计的建筑部件还有女儿墙、挑檐、遮阳板、雨篷窗台等。一体化的设计关键是建筑师在建筑设计的起初就应该加以考虑，综合思考建筑整体布局、各种构件与集热系统的可能结合方式，建筑设计师的想象力是无穷的，只要精心推敲，太阳能热水系统与建筑的一体化设计并不局限于以上所列的部件。

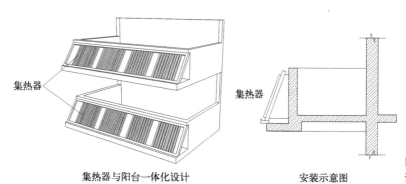

集热器与阳台一体化设计　　安装示意图

图 3-14　集热器与阳台一体化设计、安装示意图

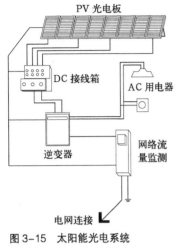

图 3-15　太阳能光电系统

太阳能热水系统与建筑的一体化设计当中，不仅要考虑系统的选取及与建筑物的结合方式，还应该综合考虑到当地的环境、气候、太阳能资源、施工条件、经济制约等诸多因素。

二、太阳能光伏发电系统

（一）太阳能光伏系统组成及原理

太阳能光电技术就是应用太阳能光伏发电、蓄电、逆变、控制、并网等设备构成太阳能光电系统（图 3-15）。太阳能光电应用系统由光电转换装置、连接装置、交直流转化器（逆变器）、电表及固定设备的构架等组成。光电转换装置通常指的是光伏电池板，它一般由若干电池板单元整齐地排布在模板上并按设计要求安装到固定构架上。光电转换装置可以布置在建筑的任何向阳位置，如坡屋顶、平屋顶、建筑幕墙、遮阳板等位置均可，也可以专门安装在空地上。

为了减少光线在光电板上的反射，尽可能多地收集太阳光线，应在太阳能电池板的表面覆盖一层抗反射涂层。这种优化后的抗反射涂层呈现蓝色印迹，如果涂层的厚度发生改变，其工作效率会产生细微的降低，但其颜色也相应发生变化，审美价值则得到了极大地提高。可以据此制造出多种其他颜色的光电板来满足我们的设计要求。

用于生产光电转换装置的硅，是一种在自然界存量大，几乎可以无限量使用的材料，且太阳能更是取之不尽，用之不竭。通过采用光电转换装置，可以将太阳辐射能直接转换为电能以实现无噪声、无污染、无不良辐射及残存垃圾物的清洁能源转换。但是，太阳能光电系统不利的是，与其他可再生能源（风能、太阳能光热等）相比，转换效率低、生产系统构件成本高。

（二）太阳能光伏技术在设计中的运用

● 光伏发电与市政电网

独立式光伏发电系统与并网式光伏发电系统的本质区别为是否与公共电网连接。独立式光伏发电系统适合在偏远地区无电网设备时或者用户经常迁移的情况下使用。独立式光伏发电系统一般有蓄电池等储电设备。蓄电池是整个独立式系统能否成立的关键，一般包括铅酸蓄电池、锂电池、镍氢电池等。近年来又出现了超级电容器、熔盐电池等大储量蓄电设备。由于光伏发电设备输出的是直流电，如果需要使用交流电设备，则应运用逆变器将直流电转化为合适电压的交流电。

由于近年来光伏发电的成本大幅下降，但储能装置的蓄电池在总成本中所占的比例上升，使独立式光伏发电系统不如并网式发电系统在目前的应用更广泛。并网式发电系统主要由光伏电池阵列、并网逆变器及相应的辅助设备构成。工作时，并网逆变器将光伏阵列发出的直流电转化为满足电网接入质量的交流电并入电网中。由于其不需要储电环节，既提高了光伏发电的能量利用率，又节省了蓄电装置所带来的高成本，使得光伏发电得以普及。一般的典型住宅光伏发电系统中，光伏组件发出的直流电经过逆变器变成合适的交流电，再通过卖电电表输入公共电网，并从中获得一定收益。当用户用电时再通过买电电表从电网中获得电能。

● 光伏构件与其他技术的结合

在装有大片玻璃的建筑外围护结构情况下，光伏设备模块可以与玻璃相结合组成光电幕墙，光伏电板此时还起着遮阳的作用。遮阳程度大小可以通过调整电池板的排列疏密和透明度来调整。

由于光伏发电的效率与温度有关，所以为保证发电效率，一般光伏电池模块装有后置通风构造，这时的光伏发电模块就如同在绝缘玻璃中一样，完全承担了保温隔热构造作用的。在光伏设备模块中，一部分入射的能量转化为电。从剩余的辐射能中产生热量，采用相应的结构时，这种热量可以从房屋的正立面或者屋顶的后置通风处获得并加以利用。这时，光伏设备模块还可以起到冬季对室内取暖的作用。

● 太阳能光伏发电系统与建筑一体化设计

在太阳能光伏发电系统与建筑的一体化设计中，光伏组件应作为建筑的组成或者附属部分，必须服从建筑主体的设计需要，其次要照顾到光伏阵列自身的发电效率，选择较好的朝向与适宜的倾斜角度。最后，在建筑师充分发挥设计能力的情况下，让光伏电池板与建筑的屋面、墙体及其他构件等一体化考虑，结合方式可以具有很大的选择性与多样性（图3-16）。

由于技术的进步，光电板的生产成本已经屡次降低，但其利用价格与发电工作效率相比较均衡而言，价格较其他节能技术而言仍然较高。

目前，在实际项目中对太阳能光伏电池板的应用主要有两种形式：BAPV 和 BIPV 两种形式。第一种形式是在已建成的建筑上加装太阳能光伏发电系统，称为建筑与光伏系统相结合的模式，简称 BAPV（Building Attached Photo-Voltaic），这种系统与建筑主体不构成整体关系，是一种依附结构；另一种形式是在建筑规划设计过程中，先把光伏发电系统作为建筑主体的一种构件整体考虑到建筑中。一般光伏构件可以作为建筑的外围护结构，如建筑幕墙、玻璃窗、屋

  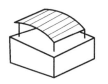 

图3-16 太阳能光电板和建筑的各种组合方式

顶、中庭及天窗等结构，形成一种新颖的建筑形式。这种形式一般被称为光伏体系一体化，即 BIPV（Building Integrated Photo-Voltaic）。

与安装在屋顶上相比，太阳能光电板安设在建筑立面上会更容易些，部分是因为处理防止风雨腐蚀、收缩、热损失和热量获得等问题会较简单。新的光电板玻璃和外围护系统技术已经结合了其他技术，如结合自然采光系统的半透明光电板玻璃、结合遮阳功能的不透明光电板等，近年来发展较快的是光电玻璃幕墙体系。可以用于外围护结构、雨篷、遮阳设施和悬挑结构等。还有在两层玻璃之间夹一层薄薄的太阳能光电板电池，可以获得不同的视觉感和能见度的窗户。

带有后置通风的光伏设备模块的建筑外墙饰面，应当选择向阳面的外墙体，取代传统的外墙饰面组成光电幕墙，既保证了外幕墙的通风保温需要，又赋予了外墙发电的新功能。从建造时的标准来衡量的话，设计太阳能立面耗资巨大，但在计算整体经济价值时，也必须考虑到能量产出因素。利用标准配件来安装太阳能光电板可以大幅度减少造价。

与屋顶体系相结合时，太阳能电池板存在着很多机会与自然光检测器、集光斗或天窗组成一个整体。在平屋顶上，光电板的安装自由度较大，可以根据当地的纬度及气象资料进行协调安装，确定最佳倾角。向南倾斜的坡屋顶为光伏设备的替代提供了理想的可能性。光电板的倾角应在考虑自身发电效率的同时考虑到建筑屋面原有角度。光伏设备模块用在这里可以承担后置通风层和排水层的功能，取代砖瓦、石板或者金属。为了适应屋顶瓦片和混凝土屋顶瓦的特定形状，研发了光电设备模块，并使其在尺寸和边缘接口上都能与特定的形状相匹配。

在中庭建筑中，中庭玻璃的遮阳是一个必须面对的问题。光伏电池板可以很好地与遮阳相结合并达到理想效果。遮阳的程度可以由模块中每个光电池的间距和使用的光电池的透明度来决定。带有绝缘玻璃的模块像传统的绝缘玻璃一样可以具有绝热功能。

应用建筑一体化太阳能光电板还有很多美学生态方面的优点。因为太阳能光电板是与周边建筑物的外围护结构接合起来的，所以可使建筑避免地面或屋顶的面积损失，以用来发电。太阳能光电板还可以设计的较为隐蔽，从而减少该系统对建筑美观的影响。

第三节　太阳能十项全能竞赛案例

太阳能技术的发展离不开实践，真正普及太阳能技术还需要有更多成功的应用案例。本节通过对 2012 年国际太阳能十项全能建筑竞赛的作品的一些分析解读，介绍太阳能技术在实际项目中的应用。

一、竞赛背景

Solar Decathlon（Europe）——太阳能十项全能竞赛（SD 大赛），是全球大学生的实验创作竞赛，由美国能源部发起和主办。比赛的目的是借助世界顶尖研发、设计团队的创意，将太阳能、节能与建筑设计以一体化的新方式紧密结合，以证明单纯依靠太阳能的住宅，同样可以是功能完善、舒适而且具有可持续性的居住空间，从而促进节能减排技术的发展、实践和推广。大赛关注的考核项目包括建筑、环境、能源供给、舒适度等五大类共十小项的监测评分，最终选出既符合能源要求，又具备相当设计水准和居住品质的实物作品（见表3-2）。

竞赛考评项打分细则　　　　　　　　　表 3-2

序号	竞赛项目／次项目	竞赛项目得分	竞赛次项目得分	评分依据
1	建筑	120		评审团
2	设备配套及结构设计	80		评审团
3	能源利用效率	100		评审团
4	电能平衡 4.1　电力自动化 4.2　临时相关性 4.3　每平方米消耗 4.4　产出能耗比	120		监测表现 监测表现 监测表现 监测表现
5	环境舒适度检测 5.1　温度 5.2　湿度 5.3　室内空气质量 5.4　工作区灯光 5.5　声效	120	70 10 5 20 15	监测表现 监测表现 监测表现 监测表现／完成度 监测表现
6	居住功能测试 6.1　冰箱 6.2　制冷器 6.3　洗衣机 6.4　烘干机 6.5　洗碗机 6.6　家庭电子用品 6.7　烤箱 6.8　厨房设备 6.9　热水 6.10　用餐	120	5 5 20 10 15 5 15 15 20 10	监测表现 监测表现 监测表现 监测表现 监测表现 监测表现 监测表现 监测表现 监测表现 监测表现
7	公关活动及社会知名度	80		评审团
8	工业化前景及社会推广	80		评审团
9	创新性	80		评审团
10	可持续性	100		评审团

如上所述，在建造期结束，正式比赛开始之前，组委会会在各个竞赛队的房间和相关设备上安装好相应的探测器，用来完成太阳房的电能平衡、环境舒适度、住宅功能这三个大项的数据采集工作。其余各项则是由组委会邀请的在相关领域有卓越贡献的专业人士组成的评审团决定。

太阳能十项全能竞赛组委会召集的评审专家团分别为：

1. 建筑评审团——主要针对建筑设计、建筑与太阳能设备和相关技术设备的一体化程度、建筑的最终实现度等方面来对参赛队的作品进行打分；

2. 设备和结构评审团——主要关注建筑整个结构体系、建筑太阳能系统的安装、工程材料的可靠度、暖通设备的运行状况等进行打分；

3. 能源使用效率评审团——能源效率评审团主要的职责是参照太阳能系统的发电数据，对整个光电、光热系统的设计和工作状况给出客观综合的评价；

4. 公关和社会知名度评审团——这个评审团主要考察的是在为期两年的竞赛筹备期间，团队在所在国家和地区计划并实施了哪些有助于向公众推广大赛理念的活动，具体的形式包括讲座、展览等；

5. 工业化前景和市场推广评审团——这个评审团的关注重点在于建筑的各个组成部分是否具备良好的工业化生产条件，以及如展开工业化生产之后房屋的造价是否能够得到有效的控制；

6. 可持续评审团——该评审团主要是通过对建筑材料和设计理念的了解，判断建筑运行是否具有相当程度的可持续性，特别是针对建筑设计中采用了自循环水系统和其他回收循环系统的设计，相关技术的实现程度对该项分数有很大影响。

评审团的评审分为四个阶段，即资料游览（图像和文字文件）、实地考察、仔细讨论、公正打分。第一阶段——资料游览。资料游览阶段让评审专家熟悉每个太阳能房子，了解他们各自特殊的节能技术；第二阶段——实地考察。评审专家们将会在竞赛中参观每座太阳能房，通过实地考察验证上一阶段中所获得的信息，并提出相关的问题；第三阶段——听取汇报及讨论。在这一阶段中，竞赛队的相关专业队员要向评委汇报参赛房屋的相关技术亮点和设计思路，特别是已经建成而不易被观察到的部分，诸如墙身构造和设备管线等。之后，同一评审团的专家们将互相交流他们经过上两个阶段之后的观点和意见；第四阶段——公正打分。评审团向每支参赛队提供书面回复，说明各项得分以及打分依据。

二、复合表皮生态屋

（一）建筑设计概述

"复合表皮生态屋"是同济大学 2012 的参赛作品，设计采用了长江流域，特别是江南一带的最具代表性的绿色建材——竹材，通过对竹材特性的研究，结合厂商的产品技术特色，建筑的外框架、框架内嵌菱形单元、内核的结构材料、室内的装饰面均采用竹材（图 3-17）。竹材相较于木材，有更短的成材周期和无需二次种植的优势，同时由于生长速度快，一公顷的毛竹的年固碳量为 5.09 吨，是杉木的 1.46 倍，热带雨林的 1.33 倍。

建筑设计将建筑分为内外两层，外层表皮集成了主动式节能设备，包括光伏板、太阳能追光器、太阳能集热器，以及西立面的薄膜太阳能和喷雾降温设备等（图 3-18）。

图 3-17　竹材纹理和复合竹木梁成品

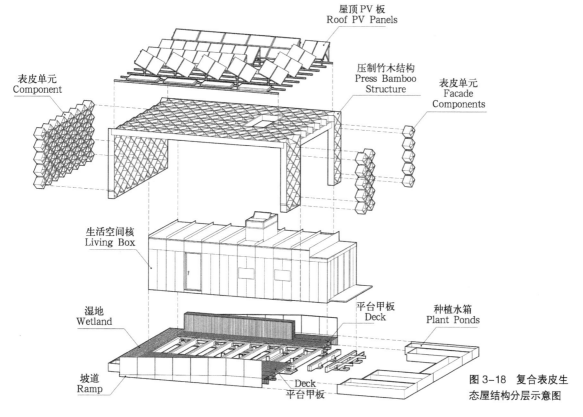

图 3-18　复合表皮生态屋结构分层示意图

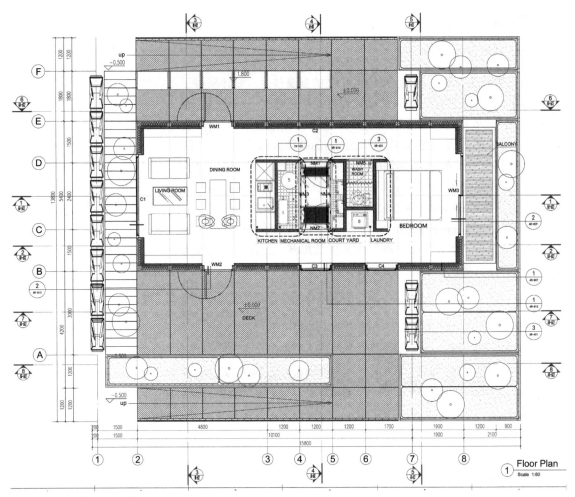

图 3-19 复合表皮生态屋平面图

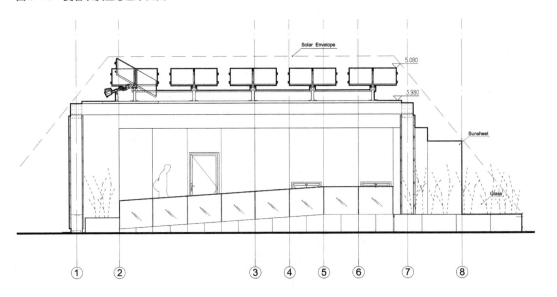

图 3-20 复合表皮生态屋南立面图

内核作为主要居住生活单元，围护结构采用了高保温性能的 VIP 真空保温板，并且将保温板设计在双层对夹的木龙骨间，利用交错对缝达到更密实的保温效果。立面的维护结构采用了回收塑料加 UV 图层的阳光板，提亮内核的同时反射部分阳光，保证墙体内部的热环境在可控的范围。图 3-19~ 图 3-23 分别是该参赛作品设计的平面图、南立面图、西立面图、剖面图和室内环境。

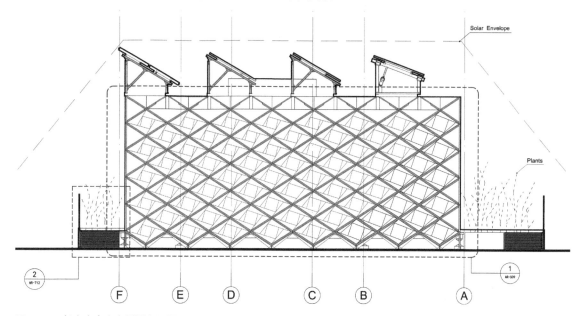

图 3-21 复合表皮生态屋西立面图

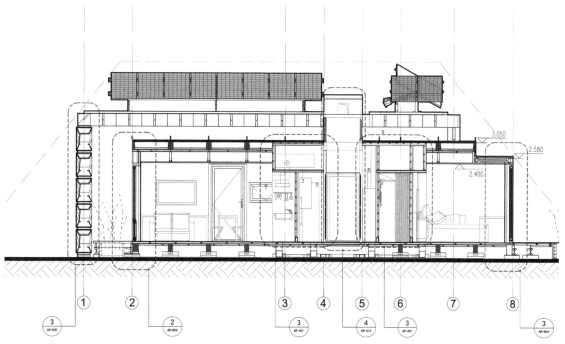

图 3-22 复合表皮生态屋剖面图

图 3-23 复合表皮生态屋室内环境

（二）主动节能策略

设计采用了多种光伏产品组合，包括主要的光电产品 PV 光伏板和热水系统相连的集热器，以及与厂家合作研发的，可以利用水的循环为光伏板表面降温，同时将水加热进行回收利用的 PVT 光伏板（图 3-24）。

PV 单晶硅光伏板的发电效率和光伏板的表面温度有很大关系，PVT 板的特点是在传统 PV 光伏板后面，设计封闭回路但贴近 PV 板表面的水盘管，利用水的流动为板降温，从而提高发电效率。

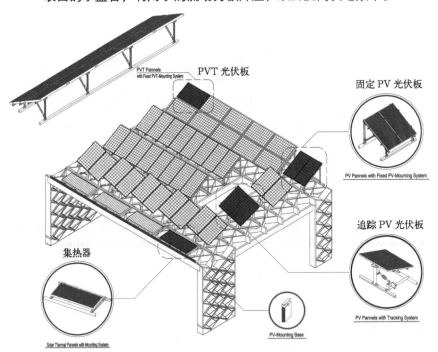

图 3-24 屋顶太阳能光电板类型

除了集热器和 PV 太阳能板，设计中还采用了太阳能追踪系统（图 3-25），将西班牙马德里（Madrid，Spain）当地的日照活动数据编成程序，利用相关软件模拟上午 9 时至下午 5 时的太阳方位角，从而辅以相应的机械传动装置，以获取更多的太阳能能量。

（三）被动节能策略

在被动式节能设计方面，主要考虑外架遮阳和热压通风。建筑外维护结构内外双层的构造可以方便地通过延伸外架的尺寸，结合所在场地的太阳活动数据，设计出精确的复合遮阳结构，南向出挑的屋架很好的遮挡了正午射入房间的阳光（图 3-26）。

依据组委会竞赛规则中限定的 6m 高度，在向内开启的设备间上方，设置了通高的通风塔，顶部设有电控开合的通风窗，当室内温度高于室外温度的时候，即打开设备间门，开启天窗和室内侧窗，可有效加强自然通风效果，从而达到被动式降温的目的（图 3-27）。

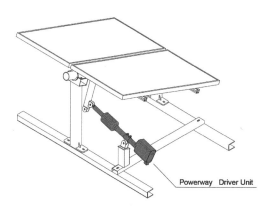

Powerway Driver Unit

图 3-25 太阳能追踪器构造图（左）
图 3-26 遮阳效果实景（右）

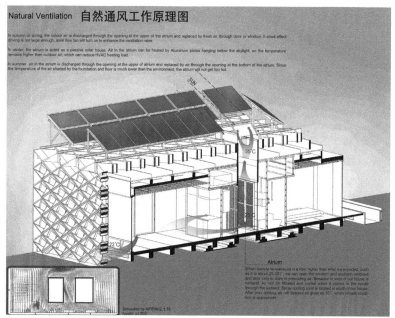

图 3-27 通风塔工作原理图

三、屋顶居住模块

（一）建筑设计概述

屋顶居住模块是法国队的参赛作品（图3-28）。该设计获得了本次竞赛的团体第一名，在众多评选单项中表现突出。该设计的主要特点是市场前景好、布局合理、维护结构的设计充分考虑了住户半室外空间的活动、太阳能板和建筑屋面一体化程度高。

这是在现有的法国住区中已经实践了的项目设计，参赛设计只是截取了真实建筑顶部的一个单元进行了1∶1的复建（图3-29）。这一实践过的参赛设计表明：单个住宅单元的能源自给，依靠现有的太阳能产品是完全可以做到的。

图3-28 建筑建成实景图

图3-29 建成项目示意图

　　该设计的平面布局呈集中式，分上下两层，上面一层为阁楼，下面一层是主要的生活空间。此外，在住宅的单元周边设计了环形连廊，连廊外侧设置了玻璃电控百叶。良好天气情况下为住户提供了一个休憩的场所，在恶劣天气情况下可以形成一个室内外的过度空间，这个缓冲空间的存在，为室内创建了更优良的居住环境，如图 3-30~ 图 3-32 所示。

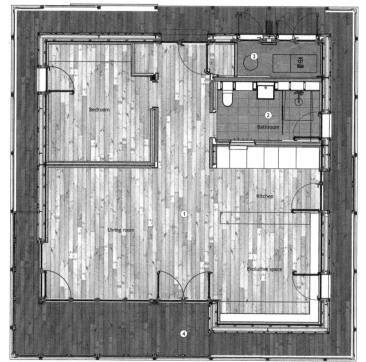

图 3-30　平面图

图 3-31　南立面图

图 3-32　西立面图

（二）主动节能策略

设计中的主动策略在于高效能的薄膜太阳能单元，薄膜太阳能与建筑顶层阁楼结合设计，使太阳能光电设备与建筑设计巧妙融为一体。

采用薄膜太阳能的一大好处就是保证了阁楼空间的透光性。二层空间和一层回廊一样，设计的一个重要意义在于为居住空间提供一个热缓冲区，如果采用传统的单晶硅或多晶硅太阳能板，则会阻挡大部分的太阳光，从而使得建筑的设计理念被削弱。

（三）被动节能策略

被动节能设计策略是使用了双层表皮技术，即在一层居住核心周围设置了一圈回廊，回廊和外界用电控玻璃百叶隔开。二层阁楼则全部作为居住空间的阳光房，利用电控遮阳百叶调节通风、温湿度等指标，使围绕居住空间形成一个立体的热环境的缓冲区（图3-33）。回廊形成的过渡空间，有效地为室内遮挡了夏季阳光，使利用主动式太阳能技术创造的适宜环境可以更久的维持，从而进一步达到节能目的。

在炎热夏季，白天打开全部百叶，关闭居住空间的门窗，使空气在居住空间周围得以充分流动，带走主动技术的设备产热以及内部空间活动产热。夜晚则打开门窗，让凉爽的空气可以流通室内，带走部分余热（图3-34）。

在寒冷冬季，全天关闭玻璃百叶，由于玻璃的透光性，使得冬季的阳光可以射入室内，玻璃的温室效应使居住空间四周形成了蓄热空间，从而降低了居住空间直接散失热量的机会，提供了舒适的冬季居住环境（图3-35）。

图3-33　二层阁楼建成实景

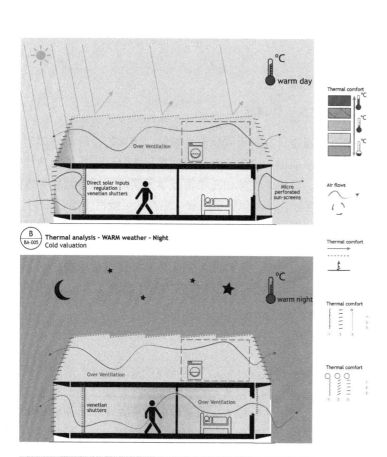

图 3-34 炎热状况工况图

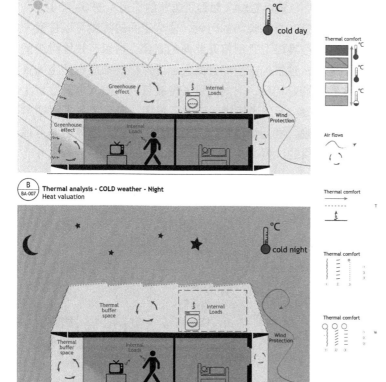

图 3-35 寒冷状况工况图

四、箱形木屋

（一）建筑设计概述

箱型木屋设计是意大利队参赛建筑。该建筑设计风格简洁、朴素、体块关系明确，主要的建筑材料采用木材，最外层围护结构使用了无纺布。建筑的主体由三个箱型单元组成，拆分之后有很好的模数控制和连接，从而保证了工业化生产的可能性（图 3-36）。

建筑内部设计了一个南向的内庭院，设有南向整面的遮阳装置，可以在炎热的夏季为住户提供相对舒适的半室外空间。住宅功能空间位于建筑北向，由主入口进入首先是客厅及开放厨房，然后绕过中心的设备间和卫生间等功能核心，是主卧和书房。如图 3-37~图 3-39 所示。

（二）节能策略

南向的院子是该设计被动节能策略的显著特点，庭院成为室内和室外的热缓冲空间。建筑的东、西、北三面墙体内，埋置了中间填满沙土和水管的不锈钢管，这些钢管彼此连通，每个钢管中间的水管又和水箱连通。夏季炎热的时候，将内置水箱中相对较凉的水泵接入水管，利用沙土的热容来达到为室内降温的效果，冬季则将热水回收循环，钢盘管就又起到了暖气的作用（图 3-40）。

整个建筑在夏季炎热的时候，住宅空间的挑檐可以使室内免受阳光直射，夜晚降温之后打开北向的高窗，可以有效地组织室内外的自然通风，建筑内部空间开间大、进深小的布局也使空间更加宜人。冬季则恰好相反，南向的院子使较低的太阳入射光线也能够进入室内。图 3-41 是该建筑的四季工况图，显示了冬夏两季典型日的白天、夜晚，利用庭院空间、储热体、植物、通风组织等措施调节室内微气候的过程。

图 3-36　建成实景图

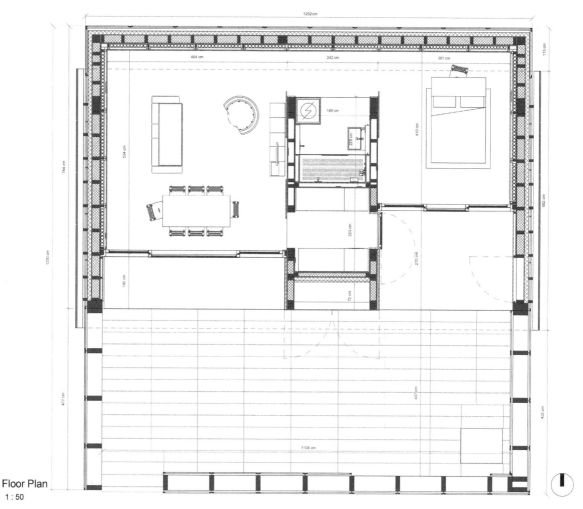

图 3-37 平面图

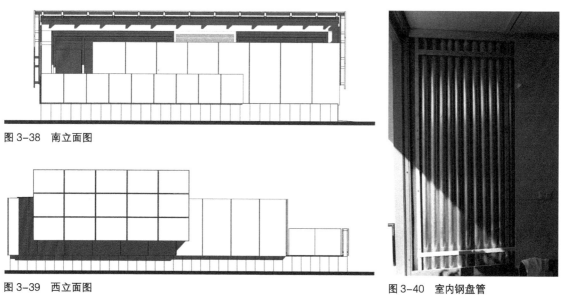

图 3-38 南立面图

图 3-39 西立面图

图 3-40 室内钢盘管

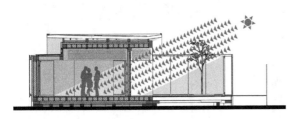

① Bioclimatic Schemes_Winter - Behavior: Day
BA-003

冬季白天工况图

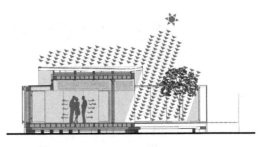

① Bioclimatic Schemes_Summer - Behavior: Day
BA-004

夏季白天工况图

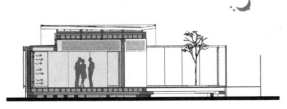

④ Bioclimatic Schemes_Winter - Behavior: Night
BA-003

冬季夜晚工况图

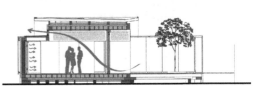

④ Bioclimatic Schemes_Summer - Behavior: Night
BA-004

夏季夜晚工况图

图 3-41　四季工况图

第四章 节能建筑的日照调节

第一节 天然采光设计

一、设计法规依据及相关要求

《建筑采光设计标准》GB 50033-2013、《建筑照明设计标准》GB 50034-2013 及《民用建筑设计通则》GB 50352-2005 为设计人员明确绿色照明的要求和国家有关照明设计规定提供了指引。《建筑采光设计标准》GB 50033-2013 规定了用采光系数来评价室内天然采光的水平。

对于天然采光在建筑设计中的运用而言，建筑要满足一定的采光系数要求，天然光的照度、窗户尺寸大小、日照小时数等都要符合相关规定。《建筑采光设计标准》GB 50033-2013 规定了各类建筑房间的采光系数最低值。除此之外，还应该满足以下要求：

①居住类建筑的公共空间宜采用自然采光，采光系数不宜低于0.5%。

②办公、宾馆类建筑75%以上的主要功能室内采光系数不宜低于《建筑采光设计标准》GB 50033-2013 的规定。

③地下空间宜自然采光，采光系数不宜低于0.5%。

④利用自然采光时应避免产生眩光。

⑤设置的遮阳措施应首先满足日照和采光标准。

采光系数与建筑的窗地比直接相关，采光系数的最低标准规定也从一定程度上限定了建筑的窗地比，参见表4-1内容。

采光系数标准值及适用场合   表 4-1

采光等级	侧面采光		顶部采光		适用建筑类型
	采光系数最低值 C_{min}（%）	室内自然光临界照度（lx）	采光系数平均值 C_{av}（%）	室内自然光临界照度（lx）	
I	5	250	7	350	工艺品雕刻车间，装配、检验车间
II	3	150	4.5	225	设计室、绘图室、计量室、药品制剂车间、印刷品的排版、印刷车间
III	2	100	3	150	办公室、视屏工作室、教室、实验室、阅览室、开架书库、报告厅、会议厅、诊室、化验室、药房
IV	1	50	1.5	75	起居室、卧室、书房、厨房、复印室、客房、餐厅、多功能厅、展厅
V	0.5	25	0.7	35	住宅、办公楼、学校、旅馆、医院等类型的走道、楼梯间、卫生间、图书馆书库、美术馆库房

注：本表摘自"建筑采光设计标准"GB 50033-2013.

表中所列采光系数标准适用于我国Ⅲ类光气候区。采光系数标准值是根据室外临界照度为5000lx制定的。

亮度对比小的Ⅱ、Ⅲ级视觉作业，其采光系数可以提高一级采用。

建筑光环境中还应考虑环境中物体的反射光。大多数建筑室内家具的反射比至少应有20%，但不宜超过40%（超过此值易产生眩光），它是建筑能更好地自然采光的保障。表4-2规定了工作环境中较适宜的表面反射比范围，括弧内为《建筑采光设计标准》GB 50033-2013的规定值。

建议的工作环境表面反射比（ρ）   表 4-2

工作环境表面反射比（ρ）		
表面类型	建议反射比	参考选用的材料
工作面	0.20～0.40（0.20～0.45）	浅色木料，中间色至浅色层压板，中间色至浅色吸墨水垫
不透光的窗处理	0.30～0.50	中间色至浅色百叶窗，涂层玻璃
保持景象的窗处理	0.03～0.05	涂层玻璃，有网眼的窗帘
地面	0.10～0.20（0.20～0.40）	中间色至浅色地毯，中间色至浅色木板，中间色面砖
顶棚	0.85或者更高（0.70～0.80）	优质白色面砖，极白的面砖，白色油漆
墙面	0.30～0.50（0.50～0.70）	浅色窗帘布，中间色至浅色树脂涂料，中间色至浅色油漆，颜色很浅的木材，颜色很浅的石材
开放办公室隔断	0.20～0.50	中间色至浅色帘布，中间色至浅色层压板

注：本表格摘自 Gary steffy. Architectural Lighting Design[M]. 2002：76.

《建筑照明设计标准》GB 50034-2013 中规定了工作场所的工作照度标准值，它使物体具有最基本的亮度，以便于人们根据工作需要识别物体尺寸、大小及控制物体与背景亮度的对比。自然采光在建筑设计中运用的目的涉及艺术与人类本能两个方面。判断某建筑自然采光设计的成败与否远远超过了这些设计法规，如何将建筑的自然光线与使用者的生活产生共鸣，提高人们的生活质量才是成功的设计作品。

二、天然采光的设计原则

（一）设计要符合天然采光的有关规范与标准

除了满足最基本的规范要求外，光环境设计方案要根据实际需要满足不同的功能房间的要求，例如精致印刷、实验室、装配间、特殊展厅等，必要时可以辅以人工照明。

（二）利用光环境中物体的反射光

来自室内家具、墙面粉刷等表面的反射光会对室内的照度提高很有帮助。大多数应该运用浅色调的粉刷和油漆，利用反射进行间接采光。黑色装修只限于特殊场合设计，不适合视觉作业。例如，博物馆、剧院类建筑空间，需要衬托出展品、舞台的明亮，所以将其他空间设置深色涂料隐蔽起来。

（三）避免光源直射光和眩光、反射眩光

要控制好光源与观察者的相对位置，例如光源不宜设置于观察者正前方，不宜布置反射率高的表面等。另外还要控制亮度对比程度，避免眼睛对强对比眩光产生的视疲劳。例如，可以降低自身亮度或升高紧邻环境的亮度来降低亮度对比，一般亮度对比控制在 10：1 之内为宜。

（四）增加天然采光的可控制性

可以设置一定的遮阳措施、控光板等来避免直射光、引导自然光。例如，设置遮阳板来避免夏季直射阳光，设置反光板将天然光线通过几次反射进入室内更深远的地方，使室内更好的得到自然光线。

三、建筑中的采光形式

通常，建筑内部空间的自然采光是通过透明玻璃的侧窗、高侧窗、天窗、天井等照亮工作台及室内表面；通过百叶和挡板控制太阳眩光，并配合白色内部装修以扩散光线进而提高照度值；利用地面的反射

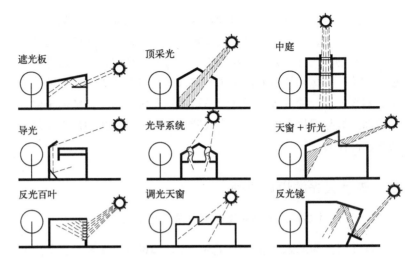

图 4-1　各种自然采光形式

阳光辅助照明。室内窗可使光线由一个房间照射到另一个房间，同时还应考虑到采光对建筑环境的热影响。建筑物的各种自然采光形式如图 4-1 所示。采光设计要与建筑整体结合起来，对各种能量效益进行完整分析，使窗口设计能减少能耗、一次性投资和保证良好的室内环境状况。好的采光设计使立面处理不至于单调，同时照顾到景观视线的需要。

建筑对阳光的接受形式分为以下几种：

（一）窗口采光

窗户的作用很多，不仅限于自然采光的任务，它们还是建筑从外界获取热量的主要获取途径，可以自身成为空间（空气间层较大的双层窗、凹凸窗等），可以承托各种活动的舞台，是室内外空间的过滤器，成为周围景观的取景框等。因此在设计建筑窗户时应综合考虑到自然采光与其他多种因素，其中特别重要的设计因素为窗户的尺寸、位置和细部设计。窗户是建筑能耗损失的重要部位，影响窗能耗的三个重要因素是采暖、制冷、照明。除非考虑被动式采暖，否则就应尽可能减小窗户的尺寸。小尺度的窗户可以创造出与众不同的光照效果，在空间中形成光与影交替变换的韵律，如朗香教堂的开窗（图 4-2）。随着窗户尺寸的增加，光与影的对比效果会逐渐削弱。窗户在墙壁或顶棚上的位置会影响光线分配、光线与照明、人类活动以及空间感受等因素的关系。按照窗户在建筑中的不同部位可以将窗户分为侧窗和天窗。

侧窗：

侧窗是指设置在建筑墙体上的窗，按其与地面的位置与角度的不同又可分为高侧窗、中侧窗、低侧窗、垂直侧窗、斜侧窗等。透过侧窗的光线具有强烈的方向性，有利于阴影的形成。低侧窗（尤其是落地窗）可以使光线通过室内外地面的反射进入室内空间，若

图 4-2　朗香教堂室内采光效果

地面采用浅色铺砖，则可将自然光线反射进入室内深处。中侧窗由于位置位于墙体中部，与人的视高相当，便于组织室外景观视线和设置一定的通风措施。当窗台的高度不高于 1m 时，坐在室内的人可以看到室外的景色。随着窗户高度的增加，建筑室内的私密性也逐渐加大，高侧窗会将建筑与大地的关系转移成与天空的关系。高侧窗可以使光线照射到室内深处，但会在高侧窗下部的室内墙体邻近空间产生阴影，导致窗户与墙壁之间产生明暗亮度对比，甚至形成眩光，这种情况下可以采用双侧照明、高反射率的表面、遮光板反射光线等方法对暗部进行补充照明。

　　如图 4-3、图 4-5 所示，窗户附近的采光系数和照度随着窗户离地高度的增加而减小，但室内光照的均匀度却在增加，且在室内深处的照度也在增加。双侧采光（图 4-4）能够形成较好的光照效果，因为房间的双侧墙体上的侧窗可以相互补充，弥补了房间深处照度不足的情况，最低照度点位于建筑中心，但这种采光方式仅限于房间双侧朝向室外的空间。图 4-5 是侧窗上下边缘高度变化对室内照度的影响图。从图中可知，随着窗户上沿的升高，室内照度的均匀度增加；随着窗台高度的增加（窗户面积的减小），虽然近窗端

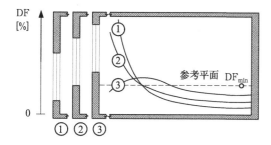

图 4-3　侧窗离地面高度不同时，室内参考平面上的采光系数 DF

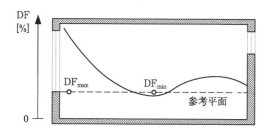

图 4-4　双侧采光的房间采光系数的最低值移向中心，可采光的空间进深加大

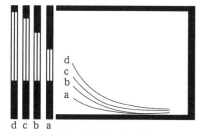

（a）窗上沿高度对照度分布的影响

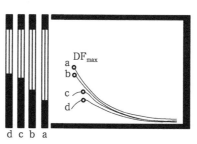

（b）窗台高度对室内照度分布的影响　　图 4-5　窗台高度与照度的关系

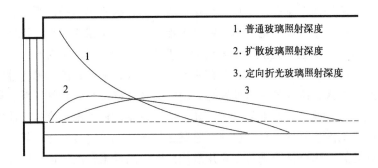

1. 普通玻璃照射深度

2. 扩散玻璃照射深度

3. 定向折光玻璃照射深度

图 4-6　不同透光材料对室内照度分布的影响

照度略降，但室内深处的照度变化不大。

另外，不同的透光材料对室内照度分布也有着重要影响（图4-6）。采用玻璃砖扩散透光材料，或采用折光玻璃，将光线折射到顶棚，都可以用于提高室内照度的均匀水平。

天窗：

设置在建筑屋顶的采光口称为天窗，这种采光方式可以称为天窗采光或顶部采光。按采光要求的不同又分为顶侧天窗（图4-7）、锯齿形天窗、水平天窗（图4-8）、天井等。一般用于解决大型公建的大跨度采光问题，也用在有特殊采光需求的场所，如大型工业厂房、展览空间等。

天窗采光与侧面采光相比有几个重要的不同之处。天窗采光的采光效率高，单位面积窗地比比侧面采光获得更多的光线，约为侧窗的8倍；天窗照明的室内亮度均匀度、照度均匀度较好；天窗采光的光线不会受到周边环境的遮挡；天窗采光不易引起眩光，尤其是在太阳高度角较低时，更不容易产生眩光；但天窗采光的缺点是没有了侧窗外部的景观视线；顶部平天窗采光时（图4-8），采光量与建筑朝向没有关系，并且可以将光线引入到单层空间的深处。但竖直天窗（顶侧天窗图4-7）就会受到朝向的影响，一般竖直天窗更偏好低太阳角度的光线。

根据以上经验分析和实际计算可知，一般情况下：

1. 在涉及建筑的采暖、降温、照明的综合能耗控制在最低范围

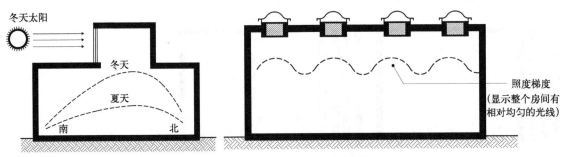

图 4-7　顶侧天窗的室内冬夏两季照度分布　　图 4-8　水平天窗的室内照度分布

之内时，天窗是最有效的采光方式，且采用 2% 屋顶面积最为有效。

2. 天窗与相对应的非天然采光的情况相比，达到同样的照明效果，天窗可以降低能耗高达 70%。

3. 作为天然采光的光源，高侧窗总是比同样面积的一般侧窗更有效。

4. 朝南的高侧窗、侧窗比朝北的效率高，高侧窗和侧窗配合使用可以灵活设置满足设计需要，且高侧窗与侧窗各 50% 最有效。

5. 顶部采光形成的室内照度分布比侧窗要均匀的多。但顶部采光的夏季得热量大，仅对多层建筑顶层、单层建筑最为有效，玻璃容易污染、不易清洁；实际工程中侧采光施工简便，造价低，易于实现。

（二）中庭采光

中庭设计作为引入自然光线的一种手段，它与顶部采光、侧面采光结合在一起，可以从多个方向进行采光（图 4-9）。现在的建筑设计中的中庭设计已经不仅仅是一种引入自然光线的手段，它可以体现众多的设计理念，是建筑的一个重要特征。与中庭周边被照亮的空间一起组成完整的建筑整体，中庭可以与其所服务房间一样在保温隔热方面独立开来，也可以一体化，中庭内部可以种植植物、设置喷泉等，都是绿色设计手段。

中庭可以采用天窗采光也可以采用高侧窗。水平天窗式的中庭采光口在阴雨气候频繁的地区很适用，但在炎热夏季，也会变成灾难性的热源，因此应考虑遮阳措施。高侧窗采光的天窗在温带气候条件下能保持光照需求和辐射得热的平衡，但在设计时应考虑好采光口的朝向、阳光采集方式等，以达到预期的采光效果。另外，中庭虽然不能让人们与外界景观直接交流，但其内部空间可以引入自然景观，通过中庭引入的天然光线让植物进行光合作用，形成内部宜人的小气候。

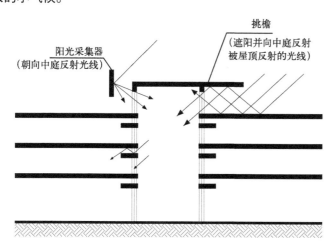

图 4-9 某行政大楼中庭采光设计

（三）房檐

房檐是一种最古老、最流行和最简单的太阳光照采集形式，其外挑尺度根据建筑的朝向而定。房檐和其他挡光设施不同于那种阻止来自所有方向光线的低透过率玻璃，在接收地面反光的同时，也能遮挡直射阳光。挑檐尺度随着太阳高度角的减少而增加。建筑师常将建筑的屋顶与墙体脱开一定距离，留出了檐下条形缝隙，作为采光手段，采光方式可以选用高侧窗，或再设置条形水平天窗采光等（图4-10）。

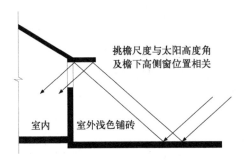

挑檐尺度与太阳高度角
及檐下高侧窗位置相关

室内　室外浅色铺砖

图4-10　通过屋檐反光采光

（四）反光板

当采用高窗时，这是一个主要的阳光反射源。它们较反射率低且时常处于阴影中的地面来说，又是一种更为有效、可靠地阳光反射源。由于反光板位于人眼视平面之上，可将其涂以白色或制成镜面而不致产生眩光。当希望有太阳光热进入室内时，可附设遮挡——室内反光板。它可降低窗口位置的照度水平，进一步弥补室内深处的光照不足。同理，也可将它们有效地用于不需遮挡的地方（如北向窗口）。

在有些情况下，建筑周边环境也可以充当比较有效的反光板。可以设置落地窗来接受周边地面反射进房间的自然光，有些建筑利用周围较低建筑的屋顶来反射光线进入室内，有时在建筑密度较高的地区，周边建筑的墙体所反射来的光线也可以加以利用，从而创造出意想不到的效果。

反光板的目的是通过降低窗口附近的照度而增加室内深处照度的方式来改善室内天然采光的均匀度。为防止眩光产生，反光板一般设置在站立观察者的视平线以上，又不能遮挡室外景观视线，常为距楼地面2.1m左右，这个高度正好可以与门楣等平齐。此外，要充分发挥顶棚对光线的反射控制作用，增加其高度来加大反射光线的进深，浅色装修加大光线反射率。图4-11为一般反光板在窗口的应用，图4-12是由反光板组成的各种阳光收集形式的应用。

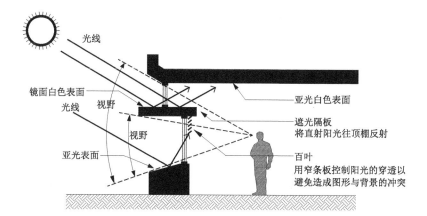

图 4-11 反光板的设置方式

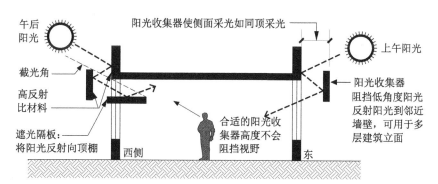

（a）东西向阳光收集器的布置

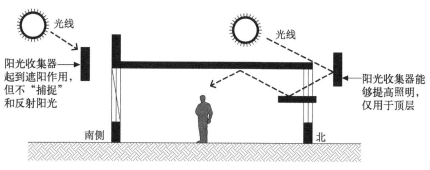

（b）南北向阳光收集器的布置

图 4-12 利用反光板设计的
阳光收集器

（五）阳光凹井

　　该装置是一个在内部具有反射井的高侧窗凹井，类似于反光板（图 4-13），将高侧窗与室内顶棚整合到一起，将直射太阳光线、辐射转变为间接的光和热，安装位置较为灵活，并不一定和高侧窗一样在墙体中上部，还可以安装在屋面上，接受由顶部入射的太阳光，类似于较浅的天井采光方式。凹井挑出部分和井筒形态可以按当地季节性的热工需要和允许到达地面的直射阳光的层级进行设计。设计中还应考虑窗口周边环境的状况，尽量用浅色粉刷，可以

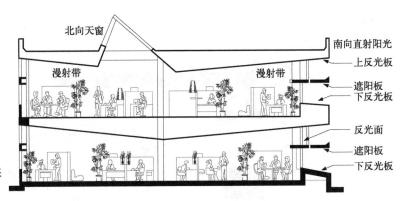

图 4-13　加利福尼亚州某办公楼采光设计

北向天窗

漫射带　　漫射带

南向直射阳光
上反光板
遮阳板
下反光板
反光面
遮阳板
下反光板

用光洁材料装修屋面以增加反射光线。为避免产生反射眩光，可在凹井玻璃窗上安装使光扩散的窗帘等。

四、利用技术手段的天然采光

传统意义上的天然采光，只能是在靠近建筑外墙的地方或建筑与外界接触的表面进行采光，这种天然光照明的方式也可以叫作"被动式阳光照明"。若建筑师需要对天然光线进行自主的控制，并且运用于建筑的任意部位（常用在大跨度建筑的内部、地下室等），就需要借助技术手段。

把能自主控制的利用天然光进行照明的方式称为"主动式阳光照明"。这种照明方式有三个主要部分组成，如图所示：阳光收集器（图 4-14）、阳光传送器（图 4-15）、阳光发射体（图 4-16）。太阳光线由阳光收集器收集，收集起来的光线集中起来，通过一个井状的管体部分（阳光传送器）传送，最后在建筑需要光照的空间引

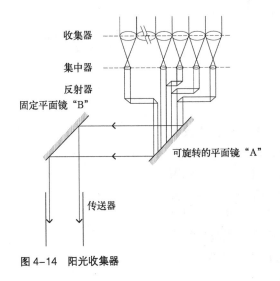

收集器
集中器
反射器
固定平面镜"B"
可旋转的平面镜"A"
传送器

图 4-14　阳光收集器

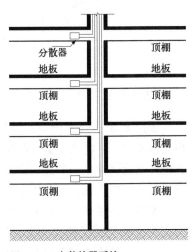

分散器
顶棚
地板
顶棚
地板
顶棚
地板
顶棚

图 4-15　主传输器系统

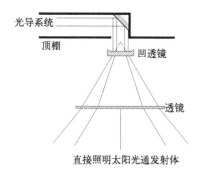

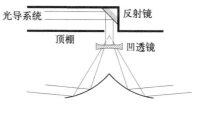

直接照明太阳光通发射体　　　　间接照明太阳光通发射体　　　图 4-16　阳光发射体

出一部分光，这部分光通过阳光发射体进入目标空间（图 4-17 为三个部分组成的采光系统）。阳光收集器可以是透镜、反射镜等，阳光收集装置也可分为主动式和被动式两种。主动式收集器可以通过传感器的控制来追踪太阳，以实现最大限度的日光收集；被动式阳光收集器则固定某一适宜角度不动。阳光发射体可以是灯具，最好具有控制作用，能自主调节进入室内空间的光通强度。管体部分与出光部分有时被设计成一个整体（例如，光导纤维），同时进行光的传输与分配。这种"主动式阳光照明"技术已有多种成熟的采光系统，下面为几种常用的技术系统。

（一）镜面反射采光系统

镜面反射采光就是利用平面镜或曲面镜对光的反射作用，使太阳光线经过一次或多次反射，将光线输送到室内需要照明的地方。这类采光系统最重要的是阳光收集器，可以设计成两种形式：一是可将反光镜（平面镜、曲面镜）与采光窗的遮阳设施结合为一体，作为具有遮阳作用的阳光收集器；二是可以将反光镜安装在追踪太阳的装置上做成定日镜，最大限度地获取日照。阳光收集器经过一两次反射，将光线送到室内需要采光的区域。

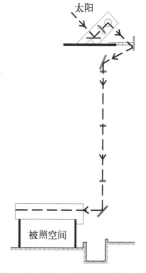

图 4-17　"主动式阳光照明"系统

（二）导光管采光系统

此系统同样是由阳光收集器、阳光传送器、阳光发射体三个主要部分组成（图 4-18）。其中阳光收集器主要是由定日镜、聚光镜和反光镜三部分组成；阳光传送器主要有镜面传送、导光管传送、光纤传送等，对导光管内部进行反光处理，使其反光率高达 99.7%，以保证光线的传输距离更长、更高效；阳光发射体主要使用材料为漫射板、透光棱镜或特制投光材料等，它们能够使从发射体发出的光线具有不同分配情况，可以根据采光要求来具体选用。由漫射器将比较集中的自然光均匀、大面积地照到室内需要光线的各个地方。从黎明到黄昏甚至阴天或雨天，该照明系统导入室内的光线仍然十分充足。

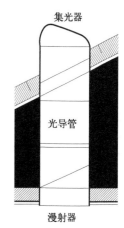

图 4-18　导光管采光系统

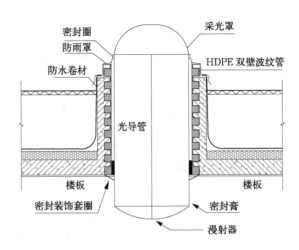

图 4-19 光导照明系统安装示意图

　　一些国家已经在建筑设计中广泛应用导光管进行天然采光（图4-19）。例如德国柏林波茨坦广场上就使用了导光管：导光管直径为500mm，阳光收集器是可随日光自动调整角度的反光镜，传送器的管体部分采用具有高传输效率的棱镜镀膜，实现了天然光向地下空间的高效传输，不仅实现了天然采光要求，且在建筑设计上也与建筑及广场融为一个整体，增加了广场的景致。

　　导光管采光系统阳光传送器直径较大，一般大于100mm，可达300~500mm不等，传送距离从几米到几十米（图4-20，图4-21）。利用导光管采光系统一般适用于天然光较丰富、阴雨天较少的地区。

（三）光纤导光采光系统

图 4-20 导光管系统室外阳光收集器

图 4-21 室内阳光发射体

　　该系统是利用高通光率光导纤维（光纤）将阳光传送到室内需要采光的空间。该系统的核心是导光纤维，导光纤维在整个采光系统中扮演着阳光传送器的作用。光纤材料是利用光的全反射原理拉制而成，具有径细（一般几十微米）、重量轻、寿命长、可绕曲、抗电磁干扰、不怕水、耐化学腐蚀、制作原料丰富、生产能耗低等一系列优点，尤其是经过光纤的光线基本上具有无紫外线和红外辐射的好处，因此在建筑照明、工业照明、飞机和汽车照明等多个领域内广泛应用。

　　虽然光纤采光系统的光通量并不是最大，但光纤截面的直径较小，光纤束可以在一定范围内灵活弯折，因此光传输效率较高，是建筑天然采光的一种很好的选择。在建筑设计中，一般将光纤设计成集中布线采光的方式，即把聚光装置放在屋面，在一个聚光器下可以引出数根光纤，通过总管垂直引下，分别弯折进入各楼层吊顶内并按需布置阳光放射体，阳光收集器将太阳光线对准光纤束的焦点上，光纤束一般为塑料制成，直径大约10mm光纤束利用光的全反射原理来传输光线，光进入光纤后经过不断全反射被传输到另一端，再经由不同特性的阳光发射体发射光线，以满足照明的需求。

（四）导光棱镜采光系统

棱镜玻璃是用聚丙烯材料制成的薄而透明的锯齿状的或平整的板。导光棱镜的作用原理是利用棱镜的折射作用来改变入射光的方向，或折射天然光线以使太阳光能够照射到房间深处。导光棱镜一面是平的，另一面则带有平行的棱镜，这样可以有效地减少窗户附近直射光产生的眩光，同时增强室内照明均匀度。图4-22为"鱼尾板"百叶窗系统。

导光棱镜在建筑设计的应用当中，一般可以安装在双层玻璃之间，分为固定式和可调节式，可以起到改变自然光线投射方向的作用。还可使用透明材料将有机玻璃的棱镜封装起来直接使用。这种系统还可以利用夏季和冬季太阳高度角的不同，阻止夏季太阳高度角大的直射光进入室内，而在冬季，允许太阳入射角小的光线完全进入室内，GlassX结构就属于此类系统（图4-23），多用于温带地区。通过棱镜窗的改变天然光线方向的作用，可以减小建筑间距，同时获得足够的室内光照（图4-24）。棱镜窗常安装在侧面窗户的顶部或作为高侧窗、天窗来使用，很少用在人视觉易观察到的侧窗、落地窗等位置，这是因为棱镜窗会使透过窗户的影像变形、模糊不清，使人视觉不舒适。

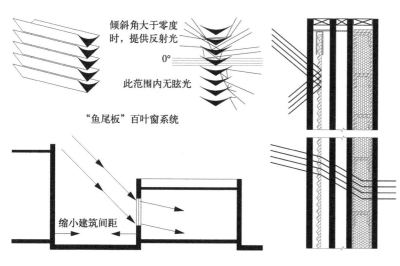

"鱼尾板"百叶窗系统

缩小建筑间距

图4-22 "鱼尾板"百叶窗系统（左上）

图4-23 GlassX结构示意（右）（夏天太阳入射角大，被反射，冬天平射阳光被全部通过）

图4-24 利用棱镜减小建筑间距同时获得足够的室内光照（左下）

第二节　天然采光与人工照明

不管是在一天或一年的周期循环中，还是处在典型的气候期中，太阳光可以被有效利用的波动变化很大。太阳光不像人工光源那样，在其大小、强度、颜色、方向特性，乃至最重要的自由安置上，都有着较大的灵活性，且容易控制。太阳的方位虽可预构，但设计者却难以合理利用。太阳是一个含有紫外线和强辐射成分的直射光强光源，因此，必须采取措施以控制眩光和过热。在任一时刻由于太阳光仅能在一个方向入射室内空间，通常是穿过一个个有限大小的孔洞进入室内空间，故要获得均匀的光分布，比采用人工光源更加困难。此外，还必须考虑地面及周围建筑的影响，同时还得考虑建筑的使用规范和使用者的行为特点，这些变量因素使得天然光的设计更为复杂，其计算也更难确定。

在显色性方面，日光光谱是一种各色光线叠加起来的白光，我们已经习惯于物体在自然光线下的色调。相比之下，白炽灯的光谱能量分布没有日光光谱那么均匀，在白炽灯下，物体的颜色也容易失真，红色显得特别鲜艳，蓝色则显得暗无光泽。因此显色性较差。

由于阳光照射与人工光照明之间存在的这些相似与差异，故天然光照明设计就得采用与其光源特性相适应的技术，以达到良好照明的目的。在人工照明技术与天然光照明技术之间，我们可以探求一种有益的结合方式。由于全阴天的光照设计相对无关紧要，因而紧要的是当阳光直射时，其光照设计要能发挥出最佳效能，并在多云时，亦能达到可接受的室内照明效果。

一、设计原则

在实际照明工程中，不能单一的认为天然光与人工光的结合就是天然光作为主导因素。因为在许多工业建筑中，由于工作需要，会限制天然光的引入，这时人工光就成了照明的主导光源。因此，需要拟定两者不同的结合原则来进行照明设计：

（一）选择的主导光源必须明确

可以是天然光作为主导因素，也可是人工光主导，或者是两者相结合的方式。但必须明确特定区域、特定时间哪种光源是主要照明方式，因为不同的主导光源决定不同的设计手法和建筑形态。

（二）选择明确的照明方式

采用天然采光做主导光源的区域，需明确是顶部采光还是侧面采光作为主要照明方式；若采用人工照明亦然。一般不宜在一个工作区域的同一时段出现太多的照明方式。

（三）明确两者的结合方式

在大进深建筑中，常采用一种叫作 PSALI（Permanent Supplementary Artificial Lighting in Interiors）的自然采光和人工照明相结合的方式。即在建筑中以天然光作为主要照明光源，而在室内深处辅以人工照明。

（四）采取必要的过渡照明

当天然光与人工光照明环境亮度对比较大时，应在两者之间采取必要的过渡照明补充。这种过渡的目的是使人们从亮环境到暗环境的过程中，将环境中亮度变化的不舒适感觉降低到最小程度。

二、天然采光和人工照明协调控制

（一）对阳光控制的要求

阳光控制包括所有的可以防止对室内光气候产生干扰作用的措施。这些措施主要目的如下：
- 防止室内因透过过多的辐射能量而引起多余得热；
- 防止由直射阳光或天空散射辐射而产生的眩光。当太阳高度角低于 30° 时尤其容易产生眩光。太阳直射光线不应当全部遮蔽，而应通过阳光控制系统的反射作用将其变成扩散光加以利用，使室内得到较好的照明；
- 保持室内照度的均匀度，防止室内在直射光照射下的表面和非直射光照射下的表面之间产生过强的亮度对比。

（二）照明开关控制

开关控制操作简便，即当天然光已经能满足照度需要时，就关掉开关。它是用工作面的照度值来控制一个或两个灯具的装置，常用的开关控制是光电池。控制开关的光电池应具有可调性和允许感应两个不同照度水平的特性。

可调节控制可以使设备适用于不同照明要求的各种房间。设备感应出两倍于标准要求的照度值时就关掉照明系统，当感应出照度值下降到低于要求值时就将照明灯打开。为避免在天空亮度变化频繁的云天频繁开关现象，应在控制设备中增加一个时间延迟装置。

另一种开关控制形式是光源开关装置。它是一种可以感受天然光的感受器，可安置在外墙上靠近窗户的位置。它的特点是能感应某一特定值的照度，图 4-25 表示当室外照度超过一定数值时，启

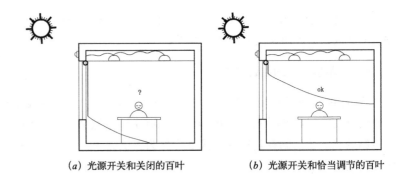

图 4-25　光源开关设备的优点　　　　（a）光源开关和关闭的百叶　　　　（b）光源开关和恰当调节的百叶

用挡光设备来降低照度，当室外照度低于感应最低值时，会开启遮光设备，引入天然光。这种控制方式有效阻止了过多的太阳辐射光线，在满足室内照度的同时防止了室内过热。

（三）照明调光控制

调光控制是随着天然光的增加而成比例减少人工照明的控制方式。是较开关控制设备更高效的控制方式。这种调光控制器可分为两类：多灯调节器和单灯调节器。多灯调光器适用于对大量灯具进行同时控制，工作方式是一个感应器来感应天然光，把它转换成电信号以启动控制器来调节光线。这种系统可实现一个调光器来同时控制几百瓦的照明。单灯调节器一般是只能控制一个或两个镇流器。它是利用一个导光纤维管感应灯具下的照度水平，将光信号传递到镇流器的控制盒中，以控制灯具的开闭。这种调光器要在每个灯具上都配置一个，以便最大限度的调节天然光与人工光的配比。

第三节　节能建筑的遮阳设计

一、传统遮阳与遮阳设计

（一）传统建筑中的遮阳

遮阳是通过一定的技术手段和设计方法，有效地组织和调节日照对建筑室内的影响，是建筑的组成部分，具体表现为构配件化或建筑—构配件综合体。在解决日照控制问题同时应协调好采光与通风的关系，使之成为炎热地区有效的降温措施。

从民居建筑中，建筑师可以找到关于遮阳发展的前景，我们可以分析下述民居特有形式，或许对我们进行遮阳设计带来启发。

云南地区的"干阑式"建筑：底层架空，设凉台，屋面采用歇山顶以利于通风，出檐深远，平面呈正方形，中央部分终年处于阴影区，较为凉爽。这种由建筑自身设计构成的"遮阳"概念是十分有效的，并通过改善通风效果来降温，不失为遮阳与建筑紧密结合的范例。

南方常用的"冷巷"布置手法：通过调整住宅之间的间距，利用马头墙、檐廊产生自身阴影，使建筑之间的庭院或巷道形成"阴凉"的区域。

沿街而设的"骑楼"方式：是集交通、遮阳、通风为一体的有效致凉手法，"骑楼"形成的阴凉区域为人们提供了舒适的开放空间。

"双层屋面"整体式遮阳系统：是炎热沙漠地区常用的建筑手法，双层通风屋面在带走大量热量同时为下层屋面提供遮阳作用，不至于因屋面温度过高而影响室内环境。如马来西亚建筑师杨经文博士发展了"双层屋面"思想设计成双层屋面整体百叶遮阳，通透的百叶提供了良好的景观、采光和通风条件。

"大进深"民居形式：在南方炎热地区经常看到，庭前院后，中设天井，深檐回廊，进深较大，创造良好的室内阴凉环境。

窗洞的"深遮阳"方式：是在传统概念上发展而来，即将窗框设于墙内壁，使窗外侧有较深的壁厚起遮阳作用，这将取决于壁厚要满足遮阳的要求，有时通过调整窗梁部位壁厚来改善遮阳作用，这种方式在许多高层建筑中可以看到。

（二）设计发展方向

过去和现在的建筑实践积累了大量的成功经验，遮阳措施与建筑紧密结合是建筑师不可忽略的方面。在科技高速发展，建筑环境控制日益引起重视的今天，建筑师可以发挥充分的想象力，结合高新科学技术，从以下两个方面着手工作。

与建筑密切结合的设计方向：

建筑师在进行总平面布局和单体组群设计时应充分重视建筑之间及建筑自身的遮阳组织，创造具备凉爽和通风的室内外小环境，良好的遮阳在造就室内舒适环境同时也达到了建筑节能的目的。这方面的研究工作将十分注重建筑内在规律与原理，概念和方法的更新、挖掘和发展，节能建筑设计原理中将充分重视遮阳设计问题，如果在建筑设计思想中融入"遮阳"概念是为了创造良好舒适环境的话，那么与之俱来的建筑形式的独特、新颖将更具生命力和说服力。

功能性构配件的设计方向：

目前我们的工作是重新发掘"遮阳"所该充当的角色和作用，打破传统观念，给"遮阳"注入新思想、新概念，那么必须从传统遮阳研究起步，即遮阳作为一项功能性构配件与建筑结合成为一体的过渡性概念。在这一方向上，建筑师将有以下着手点：

可控遮阳：针对气候条件的多变特点，为适应冬夏两季，将遮阳装配设计为可根据气候特征调控遮挡日照面积的多层活动百叶系统，以达到遮阳、采光和通风的最佳组合，可控遮阳在欧美发达国家均有成功的尝试，起到良好的作用，可控遮阳作为新型遮阳方式有一定发展前景；

延伸遮阳：这种方式取之于传统的"帆布遮阳棚"概念，即应用导轨将遮阳体（布或金属、塑料）延伸或收缩，起到灵活调控遮阳效果的目的。延伸遮阳可以有效解决遮阳影响冬季日照的难题，技术简单，造价不高，是值得发展的建筑构配件；

自然遮阳：墙面的攀藤植物在遮阳和蒸发过程中可以使墙面降温 3~5℃，良好的视觉效果和降温是建筑所提倡的致凉方法。建筑广植绿化、设置水池喷泉将可有效地起降温作用；

百叶遮阳：固定百叶可以在遮阳同时起通风作用，材质有铝合金和混凝土薄板等，由于是固定百叶可以省略复杂的机械装置；

挡板遮阳：挡板遮阳是一种直接遮阳方式，我们主张挡板的角度由气候条件来决定。在一幢建筑中依据不同朝向和遮阳目的可采用不同的挡板角度，并通过建筑设计组织形成特有的建筑形式。

二、遮阳形式和效果

遮阳是通过建筑手段，运用相应的材料和构成，与日照形成某一有利角度，遮挡对室内热环境不利的日照，同时并不减弱采光的手段和措施。

通过日照规律和气候特征，可以了解太阳光对室内环境的影响。对北半球而言，由于夏至太阳高度角高、冬至高度角低，日照入射到室内墙与地面上的投影完全不同，冬至日在有效日照时间里受照面较大，夏至日受照面积虽小但是对室内降温带来极大影响。所以遮阳的主要目的就是将夏季灾难性的阳光遮挡住而不致影响冬季的日照。表4-3列举了常采取的遮阳形式和构成，其适用范围如图4-26所示。

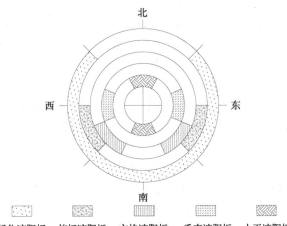

图 4-26　各种遮阳的适宜朝向

绿化遮阳板　挡板遮阳板　方格遮阳板　垂直遮阳板　水平遮阳板

各种遮阳形式简介一览表　　　　　表 4-3

类别	形式	构成	效果	组成	适用范围	备注表
水平	整体板式	钢筋混凝土薄板，轻质板材	遮阳效果好，但影响采光，会影响冬季日照	与建筑整体相联	南立面	
	固定百叶	钢筋混凝土薄板，轻质板材	遮阳同时可导风或排走室内热量，较少影响采光	与建筑整体相联	南立面	
	拉篷	高强复合布料，竹片，羽片	遮阳效果好，对通风不利，适用范围广，要维修	建筑附加构件	南立面,东、西立面	
	可调节羽板	钢筋混凝土薄板，轻质板材，PVC塑料，竹片，吸热玻璃	遮阳好，不影响采光，导风佳，适用广，是一种宜推广的遮阳方式	与建筑整体相联，建筑附加构件	任何立面	机械性能的合理解决，手控，机械控，电脑控
垂直	整体板式	钢筋混凝土薄板	遮阳效果不佳，利于导风	与建筑整体相联	西立面	
	可调节羽板	钢筋混凝土薄板，轻质材料，吸热玻璃	遮阳好，利于导风，不影响视觉与采光，是宜推广方式	建筑附加体（整体相联）	东西立面	
格子	整体固定	钢筋混凝土薄板	遮阳效果好，影响视线	与建筑相连	任何立面	作为综合遮阳手段
	局部可调节	竖向固定	遮阳极好，造价高	与建筑相连	热带，亚热带的低纬度地区	
		横向固定	遮阳较好，易于导风	与建筑相连	较少采用	
面板	整体固定	钢筋混凝土薄板	遮阳较好，对采光不利，影响通风效果	与建筑相连	西立面	扩大建筑空间
自然	绿化	水平绿化，垂直绿化			东、南、西立面	生态平衡

遮阳设施的位置将影响遮阳效果，有的场合会因为遮阳位置不当而带来无法改变的缺陷，遮阳设施位置及其性能见表 4-4。

遮阳设施位置及其性能　　　　　表 4-4

遮阳位置	常用材料	特点	问题	注解
与门窗分开，设于室内侧情况	窗帘、卷帘、活动百叶，保温盖板	易于管理和操作，安装方便，维修简单，造价较低	无法避免遮阳材料本身的吸热贮热，并在夜间放热	需要进一步检讨
利用窗玻璃透光性能来遮阳情况	选用遮光系数较大玻璃，玻璃可调节系统	造价高，不影响立面造型	会遮挡一定的视线和观瞻效果	非建筑师问题
与门窗分开，设于室外侧情况	钢筋混凝土薄板，玻璃钢，金属，木或 PV 硬塑料	见表 4-3	见表 4-3	为推广技术

目前，大量的新建建筑很少或根本没有设置外遮阳。设计师应该和注重建筑形体一样，对外墙鳍板、遮阳板、遮光格栅、天窗和景观共同考虑，以控制太阳辐射和采光。

不同立面需要不同形式的室外遮阳处理。为了减少照射到窗户上的太阳直射热，建筑的南、北、东、西各个立面需要不同的遮阳策略。要设计有效的遮阳装置，了解窗户高度、鳍板、遮阳板深度及位置之间的相互作用，与了解全年、每天的太阳轨迹同样重要。

（一）东向窗户

早晨太阳照射强度较高，随着时间的推移，照射强度会逐渐降低。一年中大多时间，垂直的鳍板和水平遮阳板都可达到有效的遮阳效果。但每年有两个时段太阳会垂直照射到窗户上，这时水平和垂直遮阳装置都不会起到遮阳作用。

早晨的阳光可以为较凉爽的早晨提供被动采暖，如果这个是很需要的，设置遮阳板是就要慎重考虑。如果不需要早晨的被动采暖，就可以尽量减少东向开窗的面积，以减少眩光和热舒适问题。如果考虑到日出或景观因素，可以结合适当的遮阳板有针对性的设计开窗。

（二）西向窗户

从太阳控制的角度，西向窗户是很难处理的。特别是在西侧有良好景观的情况下，视线和西晒会成为矛盾。与东侧窗户相似，垂直的鳍板和水平遮阳板可以在大部分时候遮阳。如果西侧有良好景观，可以在西侧窗户上用植物种植箱或者植物搁架遮阳，如果没有良好景观，就要尽量减少西侧开窗面积，减少太阳辐射热。

（三）南向窗户

南向窗户对应的太阳轨迹最为复杂，既有最高的太阳照射角度，又同时由东向西运动。可以采取组合的鳍板和遮阳板来遮挡不同时段的太阳辐射，垂直鳍板遮挡太阳由东到西时的辐射，水平遮阳板遮挡夏季高角度的太阳辐射，同时允许冬季太阳照射进窗户。根据建筑所处位置的纬度来选择水平遮阳板的深度，越往北，深度也越大。

（四）北向窗户

在一年大部分时间中，北向窗户都接收不到直射光线，但夏季早晨和傍晚会有太阳直射光线照射。深度较浅的鳍板可以很好地遮挡傍晚西侧的阳光辐射。要特别注意遮阳装置需要按照正北方向设计，而不完全是和建筑外墙垂直（因很多建筑朝向只是大致的北向），这样才能真正发挥遮挡作用。很多城市的道路布局会与正北方向呈某一角度，因此设计遮阳设施时一定要根据正北方向设计，否则就不能真正有效地起到遮阳作用。

三、遮阳的计算

在进行遮阳计算前，应了解建筑物所处环境的遮阳时区，如图 4-27 所示。

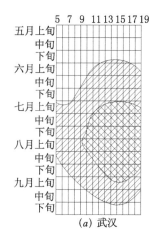 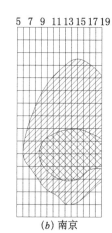 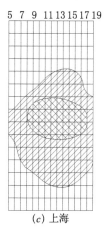

（a）武汉   （b）南京   （c）上海

图 4-27 三城市高温期每小时平均气温范围图

从图 4-27 可以看出三地在夏季不同时段每小时的气温范围情况，遮阳将根据气温范围进行设计计算，一般在室内气温大于 29℃ 的时段要考虑设置遮阳。为了遮挡进入室温大于 29℃ 的室内的日照（要求夏季日照直射室内，深度小于 0.5m），根据不同朝向的日照特点，设水平遮阳、垂直遮阳等形式。

（一）水平遮阳计算

计算经验公式：

$$L = H \times \coth \times \cos\gamma \qquad (4-1)$$
$$L' = H \times \coth \times \sin\gamma$$

式中：H——遮阳板底与窗台面的垂直距离（m）；

　　L——水平遮阳板出挑深度（m）；

　　L'——水平遮阳板两侧挑出长度（m）；

　　h——太阳高度角；

　　γ——太阳入射线与墙面法线的夹角。

在确定水平遮阳板出挑深度时，一般取冬至日（12 月 21 日）和夏至日（6 月 21 日）两典型节气的太阳日照情况为计算依据，出挑深度最小要能遮挡夏至日正午的太阳光线，而出挑深度最大要不影响冬至日正午的太阳光线照入室内。计算简图见图 4-28，计算式：

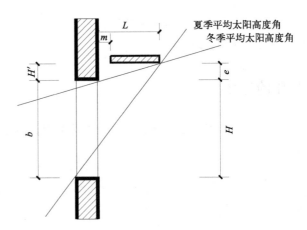

图 4-28　计算简图

$$Hcothcos\gamma \leq L \leq H'coth'cos\gamma' \qquad (4-2)$$

式中：h、γ——夏至日太阳高度角、太阳入射线与墙面法线的夹角；

　　　　h'、γ'——冬至日太阳高度角、太阳入射线与墙面法线的夹角。

根据上式，在计算出挑深度时一般先计算 $L=Hcothcos\gamma$，即按夏至日情况计算遮阳，最大可能满足夏季遮阳要求，然后计算：$L=H'tgh'sin\gamma'$ 以最少影响冬季日照。从计算得知，我们可以得出以下设计方法：

1. 水平遮阳板深度最大不超过冬至日照线。

2. 水平遮阳板深度最小要遮挡夏至日照线。

3. 遮阳板高度不应与窗顶高度相同，而应高出窗顶 H。

4. 水平遮阳板为了不阻挡室外墙面热空气上升涡流入室内（图4-29），宜将遮阳板与墙面离开距离（M），离开的距离计算如式：

$$M=（H'+e）cothcos\gamma \qquad (4-3)$$

5. 水平遮阳板可以按夏至日日照光线将其分解成"多层遮阳"形式，在不影响夏季正常遮阳要求下，通过板面的反光特性，可大大改善室内采光条件，且不影响冬季日照总量，称之为"固定百叶"（图4-30）。

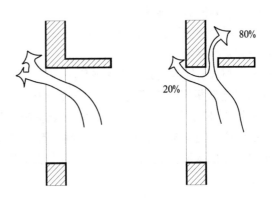

图 4-29　遮阳板气流分析图

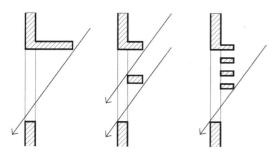

图 4-30 百叶遮阳

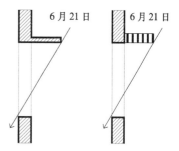

图 4-31 格栅式遮阳

6. 水平遮阳板板面本身可分隔成条状，成为"栅状遮阳"（图4-31），不但可以改善室内采光，而且使墙面上升热流不至于流向室内，提高室内自然通风质量，也可称之为"固定百叶"。

（二）垂直遮阳计算

计算经验公式：

$$N = a \times \cot \gamma \qquad (4-4)$$

式中： a——窗洞宽度（m）；

N——垂直遮阳板出挑深度（包括墙体厚度）（m）；

γ——太阳入射线与墙面法线的夹角。

垂直遮阳在传统概念上均考虑设在建筑东、西立面，但从以上公式可知，垂直遮阳一般是遮挡与建筑墙面夹角较小的场合（即 γ 值较大）的情况。通过墙面与太阳方位关系得知，当墙面与正南相垂直时（即东西向， $\alpha = 90°$ ） γ 要取较大值，则 A（方位角）要求越小越有利，可通过下列表达式：

$$\uparrow \gamma = \alpha - A = 90° - A \downarrow \qquad (4-5)$$

在相同节气和时刻条件下，地理纬度越高，则其方位角越小，故东、西两朝向设垂直遮阳对高纬度地区有利，对如上海等较低纬度地区，垂直遮阳对东、西立面遮挡，尤其对西晒意义不大。

据此，我们对垂直遮阳设计方法定义如下：

1. 南方地区单独设垂直遮阳意义不大，宜选用和水平遮阳组合的方法，或更佳方案；

2. 垂直遮阳在高纬度地区对防止西晒有一定遮阳作用；

3. 在东、西立面采取垂直板与其说为了遮阳，倒不如说其对南方地区夏季盛吹东南（或南）风起引导风进入室内作用，即如图4-32所示，设单侧垂直板可很好的导风；

4. 东、西立面采取垂直遮阳宜选用可调节系统，将垂直板分解成垂直百叶，调整角度并且满足百叶一字型排开后相互搭接而成为"日照屏障"，对南方防止西晒，采光、导风均带来益处。

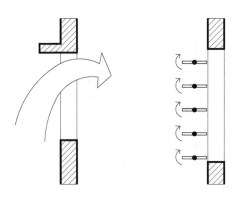

图 4-32　垂直遮阳板的导风作用

　　5. 垂直遮阳对建筑北立面防止东、西晒有利，以上海地区而言，夏至日下午 3:00 以后，大暑日（7 月 23 日，实际上此节令为盛夏期，气温最高）下午 3:30 以后太阳方位角均大于 90°，而转向北立面，这时北侧设垂直遮阳将是有利的。

第五章　节能建筑的自然通风与致凉

节能建筑的效应表现在冬季采暖及夏季致凉两个方面，夏季致凉的节能设计方法与途径主要和自然通风组织、遮阳利用等因素有关。近年来，夏季周期的延长、气温骤高都对人体舒适带来极大的不便，一味地增加空调通过耗能来换取凉爽对节能和环保均不利，因此节能建筑的自然通风设计成为建筑夏季致凉、节能与环境共生的最佳选择。

节能建筑的自然通风设计主要涉及室外自然通风的协调、应用及室内的通风组织、设计，通过室内、室外的协作设计来改善建筑的风环境，达到节能的目的。

第一节　自然通风的功能与要求

一、自然通风的作用

良好的自然通风对于建筑、人和环境均有一定的积极作用：

（一）热舒适作用

空气对流可以有效带走室内的热量，并是降低空气湿度的自然方式。建筑热工学中揭示：风速增加室内温度相应提高，同样能满足室内环境舒适条件，即良好的通风可以起明显的致凉作用并达到节能目的。

（二）空气品质提高

由于建筑围护结构材料、室内装修材料其成分或溶剂中含有相当的有害物，并且人体及日常生活中也产生影响室内空气品质的粉尘或气体，这对人体健康都会带来负面效应。良好的建筑通风可以及时更新室内空气、带走有害物，提高生活和工作质量。

（三）回归自然

为了掌握城市居住对空调、节能等概念的认同情况，曾对上海市某街坊进行相关抽样调查显示，人们对依赖空调设备来改善室内热舒适条件中存在疑虑，纷纷提出"回归自然"的思考。

二、自然通风的要求

干热和湿热气候条件下基于被动方式的通风要求，不应与温和气候区工业国家建筑规范中规定的空气交换的基本要求相混淆。其新鲜空气引入标准通常表述为每小时空气交换的数量或者每人每小时在不同地点及不同活动状况下需要多少立方米的空气，而这些数据主要是用于机械通风与空调性能要求的硬性指标。

干热与湿热气候下的通风有着不同的作用，并随着白天、夜晚、一年的不同时间而改变。如果把人体的蒸发致凉也考虑在内，干热与湿热气候下的风速要比温和气候下要求的风速更高。而另一种情况，空气交换应该比满足气味排出所需的最低要求还要少（例如在干热地区的极端炎热的时段），因为如果进入室内的空气无法被致凉，那么室内的空气会被更加炎热的室外空气所取代，使得室内环境进一步恶化。在白天温度很高、夜间温度很低的时期，夜间通风是一种有效的结构致凉方式。对于结构致凉，空气交换率则应显著高于排出气味所需的空气交换率，且应低于人体致凉所需的空气交换率。

以下两个表格来源于马丁·埃文斯（Martin Evans）所著的《室内气候与舒适度》一书，表 5-1 介绍了通风的功能与典型需求。

通风的功能与需求 表 5-1

功能	室内外空气交换	结构致凉	为人体降温
通风量需求	每小时 1 次空气交换	每小时 10 次空气交换	风速 1 ~ 2m/s（相当于每小时 100 次空气交换）

需指出的是，风速和空气交换率并不是等同的，例如，房间中靠近吊扇的地方，气流速度很快，但空气交换率却很低，而朝迎风向

开敞的房间的风速也许对居住者来说较低,但空气交换率却相对较高。表 5-2 展示了主要用于排出室内异味所需的通风要求,由于施工或保养较差通常会造成建筑缝隙,而由一栋建筑的缝隙渗透进的空气量要超过建筑整体的最小通风率(相当于每小时 1 次空气交换)。

不同空间的通风要求	表 5-2
空间与人体活动状态	通风率(每小时空气置换次数)
作为居住或办公用的空间:	
使用者的密度:5m² / 人	1.2 ～ 2.0
10m² / 人	0.4 ～ 0.7
15m² / 人	0.1 ～ 0.25
卫生间(4.5m²)	3
卫生间 + 淋浴间(12m²)	1.5
防止冷凝的厨房(大约 10m²):	
非吸收性表面的厨房:	
燃气炉	13
电炉	9
吸收性表面的厨房:	
燃气炉	5.5
电炉	2.7
整个建筑的最小通风率:	
最小	1
避免异味与闷热	2
避免冷凝	4

注:在比尔·霍斯沃斯(Bill Holdsworth)和安托尼·E·雪莉(Antony E Sealey)的著作《健康的建筑》一书中,对避免室内空气质量、材料的挥发和其他建筑致病症状所需要的通风进行了研究,结果显示现代办公建筑内的空气污染 42% 来源于空调系统,20% 来源于材料的挥发,其余污染来自于人类本身,例如烟气、体味等。

第二节 自然通风的类型及其影响因素

一、自然通风产生的途径

风压通风:由风引起的空气压力差而导致的空气运动。

热压通风:由温度引起的空气压力差而导致的空气运动。

干燥炎热地区的自然通风是由水平和垂直空气运动共同影响的,而这两种空气运动方式均由热压或风压引起。然而,在湿热气候下,自然通风通常是由基于风压的水平方向空气运动引起的,且这种水平空气运动式的自然通风不适用于有外部噪音和空气污染的城市环境。此外,由简单、节能的机械装置所驱动的通风方式也属于自然通风的一种。

二、风压通风及其影响因素

风压通风会产生比需求更高的风速和空气交换率,比热压通风更难控制。但可以通过调整风向和风速来发挥自然通风的最大潜力,例如，在风进入建筑物之前，基地内部的整体布局、建筑物的朝向和布置、建筑周边环境以及建筑形式等都能被用来对风速和风向进行调整。

如同风是由大气中的压力差产生的，通过房间的气流运动也是由于建筑物两侧的空气压力差而产生的。当风遇到障碍物，会在障碍物表面产生压力及涡流，并把空气进行分流，这也造成障碍物的正面产生正压，背风面为负压。如果建筑一个洞口处于正压区，而另一洞口在负压区，那么在两个洞口间将会有穿过建筑的气流运动产生。

（一）场地、朝向与建筑布局对于风压通风的影响

在城市规划中，城市的建筑物布局、边界轮廓及空间关系都能用来形成所需的气流运动。基地内建筑群对于空气运动也有重要的影响，通过基地内新建筑的引入可以改变原有气流的运动方式或者改进其他建筑的通风状况。

当基地内建筑物采用行列式布局时，两栋建筑物的间距为建筑物高度的六倍时一般可以保证各建筑物正常的空气运动，但是，这也会给所有的建筑立面以及与风向相垂直的障碍物表面带来抽吸作用。在相似的风环境状况下，如果采用错列式的布局方式，则会在各建筑物间产生均匀的空气压力差来形成空气对流（图5-1）。

各个建筑物立面的关系（它们的高度和空间关系等），也不同程度的影响着空气运动。

单体建筑会在背风面产生无风区，即风影区，这会对建筑周边的空气运动形式以及室外空间的舒适性产生影响。单体建筑风景区与建筑形体的关系如图5-2所示。

（二）周边环境特征对于风压通风的影响

景观在导风中起重要作用，气流在进入室内前应先导向树影区，而不应是炎热的植物表面。在干热气候区，植物可以被用来稳固沙

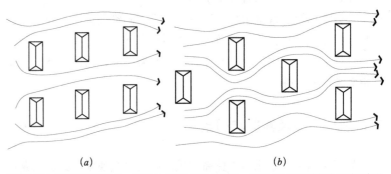

(a) (b)

图5-1　建筑布局与空气流动的关系　建筑布局与空气流动的关系：行列式布局会产生风影区，错落式布局能使气流运动更加均匀，在建筑物的迎风面产生正压，背风面产生负压，以利于通风。

说明	图示
如图示,建筑高度为 H,面度为 L,进深为 D,风影区深度为 E	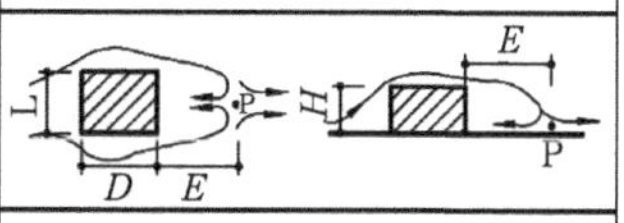 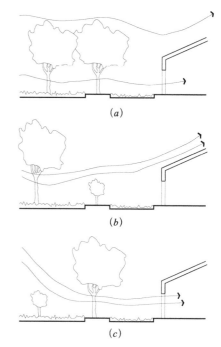
当建筑的高度(H)等于建筑物的进深(D)时,建筑物的面宽(L)越宽,其反应点的距离(E)就越长,直到 $L/H=15$ 时,E 才趋于常值	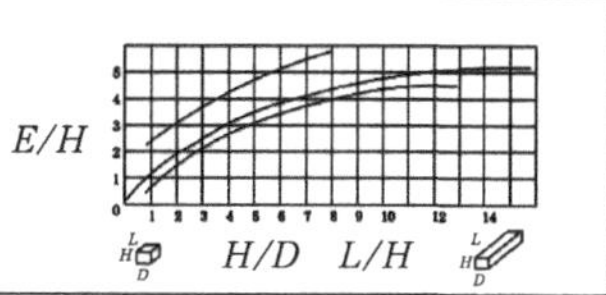
当建筑物的面宽(L)等于建筑物的进深(D),$H/L>3$ 时,$E/L=1.4\sim1.6$,说明高层建筑虽然其建筑高度很高,但是气流可以通过建筑物的两侧较便捷地到达建筑物的背后,不受建筑高度的影响。竖高形态的高层建筑对风的阻碍性较小	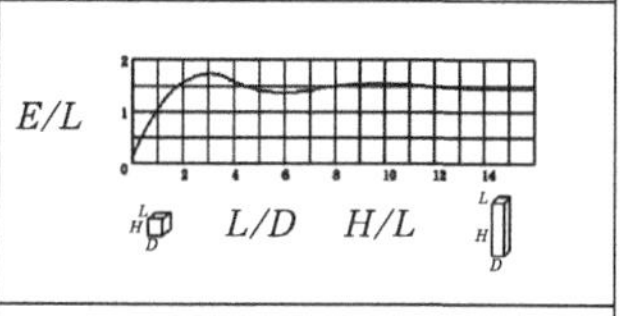
当建筑物的高度(H)等于面宽(D)时,有两种现象。一是当 D/H 非常小时,即建筑物很薄,$E=2.5H$。另一种情况为 $D/H>1$,E/H 则在 $1.0\sim1.5$ 之间,且 $D/H>10$ 时,$E=1.4H$。这一类型的建筑对其内部的自然通风极其不利,但是对于相邻建筑物的自然通风影响不大	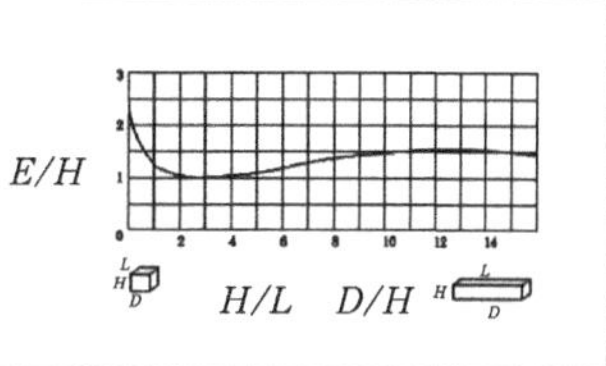

图 5-2　建筑的尺度与风影区的关系

图 5-3　植物对风的影响

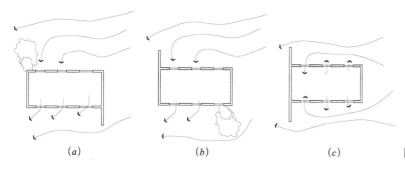

图 5-4　墙与植被可以用来导风

土和防止沙尘暴,这将使空气在进入室内前能够保持凉爽和干净（图5-3）。

防风林可以增大建筑周边的空气压力差，室外的结构，如与建筑物相连的墙体也可以大大影响建筑物立面上的风压。这些防风墙可以是密集种植的植物，也可以是构筑物，它们可以被用来改变风向，减弱不需要的风流或者改变风速。例如，位于建筑下风向尽端的导风墙可以显著增加建筑立面的正压力。相反，当导风墙位于建筑迎风向的开端时可以在建筑表面产生负压。树篱会让一些微风通过（图5-4）。

（三）建筑外围护与内部布局对于风压通风的影响

针对不同的设计，应根据建筑外形、形式及其相邻建筑的关系来调整通风设计。建筑物的规划与内部布局也应考虑于其中。

在干热地区的正午时候，室外空气非常炎热，这时通风会造成人体不舒适，在这种情况下，除非进入室内的空气经过致凉，否则减少通风、阻止室外热空气进入室内是很必要的。提倡利用夜间通风致凉室内，为居住者降温。改善的方法是在建筑周边布置花园，让气流经过树阴降温后再进入室内。双面房间的建筑物，因为体形系数小，所以建筑得热也少。但建筑物的进深与内墙会影响和减少自然通风的效果。根据通风口的不同（尺寸、形式和数量），有穿堂风的房间通常进深为10~15m，无法形成穿堂风的房间进深不应超过6m（图5-5）。

在湿热地区，穿堂风和良好的内部通风是很必要的，可以通过适当缩小建筑物进深，在迎风向和背风向的外墙开设通风口来促进建筑通风。

吉沃尼（B.Givoni）对建筑突出物的影响做了深入研究，发现借助突出物，通风潜力可以被显著提高。外部突出物也可作为水平或者垂直遮阳设施来改善建筑室内通风，或可被导向需要通风或者致凉的物体，如凉水池、结构或使用者等（图5-6、图5-7）。

通风口与采光口并不一定是同一开口，气流可以通过外墙上专门的通风口进入室内或者先通过凉爽空间，如地下管道、底层地板或者室外阴影处等，再进入室内空间，此类做法对于干热及湿热气候区均适用。

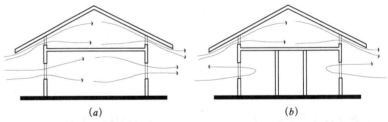

潮湿炎热地区的建筑应尽量开敞，便于空气流动。如果没有导风设施，内廊式建筑设计会影响室内的自然通风。有穿堂风的房间最大进深通常为15m，而无穿堂风的房间最大进深通常为6m。

图5-5　建筑进深与通风

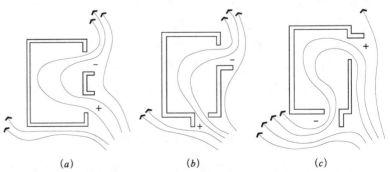

根据吉沃尼（B.Givoni）的研究，当房间有两处通风口时，不同位置、不同类型的导风墙对室内通风有着不同的影响。

图5-6　导风墙位置对室内通风的影响

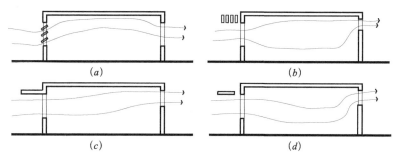

空气流动在建筑剖面中的示意图：不同类型的百叶或遮阳设施对于室内通风会有不同的影响。 图 5-7 导风构件对室内通风的影响

（四）室内布置对于风压通风的影响

不合理的室内空间分隔会阻碍室内通风，当一片墙分隔一个房间，或者几个房间布置在一起，由门或走廊来区分进风口和出风口时，流经这些房间气流的方向和速度就会自然的被改变。只要连接不同空间的部分是合适的尺寸并在需要通风时开启，那么依次流过各房间的气流就有可能达到良好通风的效果（图 5-8）。然而，通风质量并不仅仅取决于平均风速或者空气交换率。多种参数必须都被评估并作为通风设计的参考数据，并且应该尽量避免出现无空气流动的空间。

当室内隔墙靠近通风入口时，风速最低，因为风在此处被快速改变方向，并且当气流要流过或者绕过障碍物时，风速也会被降低。

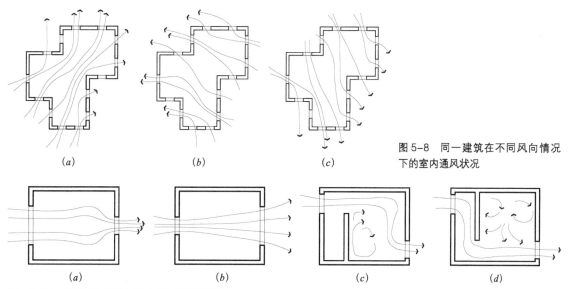

图 5-8 同一建筑在不同风向情况下的室内通风状况

（a）与（b）：进风口与出风口尺寸对自然通风的影响。
（a）：当进风口尺寸大于出风口时，室内风速减弱，在出风口处由于气流要通过狭窄空间，使得风速增加。
（b）：当进风口尺寸小于出风口时，室内风速增加，出风口风速减弱，但（b）情况的通风区域小于（a）。
（c）与（d）：不同内部隔墙对室内通风的影响。

图 5-9 室内布局和进出风口对通风的影响

在一些内部隔墙无法避免的地方，可以将隔墙抬离地面或将其与天花板之间留好通风口，来确保必要的室内自然通风（图5-9）。

当气流通过空间收缩的区域时，风速达到最大，对于某些特定风速，这可能对相邻房间产生抽吸效应。

三、热压通风及其影响因素

如果在一栋建筑中不同高度的两个区域均有通风口，例如室内的两个开口或者一个开口在室外一个开口在室内，且在两个区域存在温度差，烟囱效应就会起作用。自然规律决定了热空气将上升并从上部通风口排出，而冷空气将会从下部通风口补充进入，这种密度较高的冷空气向下移动而密度较低的热空气向上移动的原理使烟囱效应成为一种简单、有效的致凉方式。

仅仅依靠烟囱效应产生的风速无法直接满足使用者的致凉要求，但烟囱效应对于排出室内的热空气以及夜间结构的致凉有很好的效果。在某些时段和地点，室外风速很低甚至为零时，烟囱效应可以用来促进室内通风。

通风口的尺寸、形状以及不同开口间的距离可以用来控制通风量和风速（图5-10），当室外风压差可利用时，风塔、风扇等措施也可用来增加室内风速和调节气流走向。

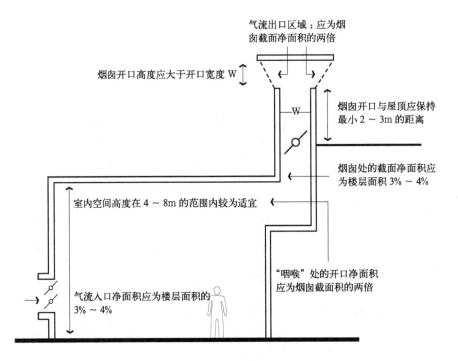

图5-10 烟囱效应的设计原则

第三节 促进自然通风的方式

应根据上面所提到的形状、形式、建筑突出物以及建筑物的外围护状况等因素来改善自然通风。下面讨论几种通过气压差或者烟囱效应来促进自然通风的设计方法。

一、风塔

风塔已经在中东等干热气候地区使用了几百年，这些传统的风塔是依靠外部风来为建筑内部降温，而外部风进入室内之前先通过一些设备来为它们降温（图 5-11、图 5-12）。比如，将陶土罐装满水或者将用水浸过的布放置在进风口处，就可以通过水的蒸发降温作用使进入室内的空气降温。

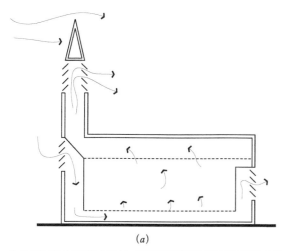
(a)

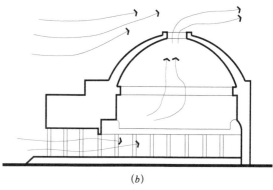
(b)

世界各地的历史建筑中都有一些利用风压或热压进行通风的案例。
(a) 图为伦敦普特尼（Putney）地区的一座教堂，(b) 图为罗马万神庙。

图 5-11 利用风压、热压通风的传统建筑

风塔的进风口应设置在相对连续、凉爽、干净的气流经过的区域，以便将更多的气流导入室内。出风口应设计在屋顶或者墙体的较高位置，并且应设置在建筑的背风处，因为此处的气压小于室内，会产生抽吸效应以更好地促进室内通风。

风塔应根据各地风环境的特征而设计，如果该地区风向是相对不变的，那么风塔可设计成单向的，然而，如果风向是不确定的，那么风塔应设计为多向型的。传统的多向型风塔通常设置有两个或者四个垂直导风井，有助于增强背风面的抽吸效应，使风塔能在一侧将风导入室内，而另一侧作为利用抽吸效应的出风系统（图 5-13~图 5-15）。据建筑自然通风方面的文献介绍，风塔进出风口所占面

由泥土、帆布或席子搭建而成的巴基斯坦地区简易风塔

图 5-12 巴基斯坦地区简易风塔

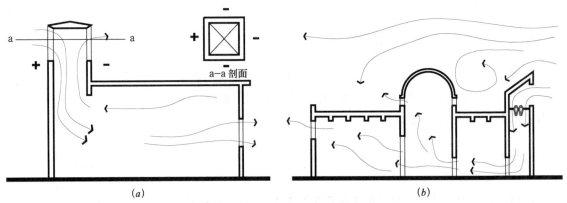

(a) 图：一座传统的多向风塔，在迎风向起到兜风的作用，而背风向则起抽风的作用。
(b) 图：一座传统的中东地区风塔，气流从右侧集风口进入，然后流经装满水的多孔陶土罐，再进入室内，以增加空气中的湿度并为空气降温。

图 5-13　风塔通风原理

（左图）多巴地区卡塔尔大学的多向风塔　　　　　（右图）巴基斯坦地区风塔的集风口

图 5-14　伊朗亚兹德地区　图 5-15　干热地区建筑的风塔设计
的多向风塔

积应为房屋总面积的 3% ~5% 左右为宜。

当室外无风时，任何原本通过抽吸效应起作用的风塔都可用烟囱效应来促进室内外空气流动，这是因为室外气压低于室内气压，使得室内较热的空气可通过烟囱效应从塔的顶部流向室外。然而，仅通过烟囱效应通风的效率要低于风压通风，而纯粹的风压通风几乎是不存在的，所以通常都是两种通风方式的混合（图 5-16）。现代自然通风风塔的设计原理与传统方式的风塔相同，但现代为促进自然通风而设计的风塔，屋顶的建筑形式及设备比起传统方式的风塔更符合空气动力学原理。

二、通风墙体与通风地板

在干热气候区，通常有将捕风器及通风管结合到墙体设计中的传统。例如，在建筑外墙、屋顶女儿墙上开设通风口，在楼板层或

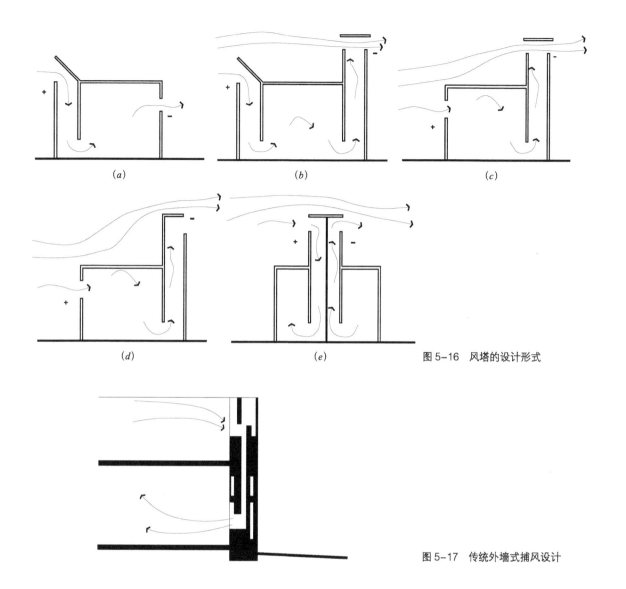

(a) (b) (c)

(d) (e) 图 5-16 风塔的设计形式

图 5-17 传统外墙式捕风设计

者墙体结构层中间设置通风凹槽，然后让入室气流先通过凹槽再进
入室内（图 5-17）。建筑结构在这一过程中会吸收一部分空气中热
量，使得入户空气温度得以降低。

当墙体与楼板不仅作为结构支撑构件，还起到通风作用时，它
们不仅可以吸收入户空气的热量，还可以吸收、储存室内使用者及
设备所辐射出的热量，然后通过墙体或楼板的内部通风带走热量。
由于这些可以通风的墙体、楼板温度通常低于室内，可以达到向室
内低温辐射的功能。

如今，更多的新兴的表皮形式，如双层表皮、整体性表皮、智
能表皮等。它们将通风、日照调控与遮阳设施结合到一起，不仅起
到了对于城市环境中噪声污染的限制作用，而且或多或少的可以实
现智能化、自动化的调控（图 5-18~ 图 5-20 ）。

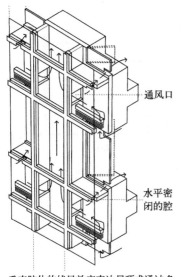

垂直腔体的拔风效应直达屋顶或通过多个楼层，空腔直径为 20～25cm。

图 5-18　现代双层表皮节能系统示例（德国 ALCO 双层表皮系统）（左）

图 5-19　津巴布韦地区的一栋商业建筑利用烟囱效应来促进自然通风（右）

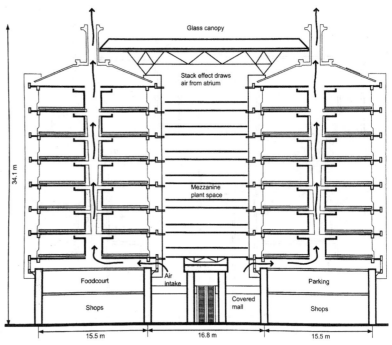

津巴布韦地区的一栋商业建筑利用烟囱效应来促进自然通风。

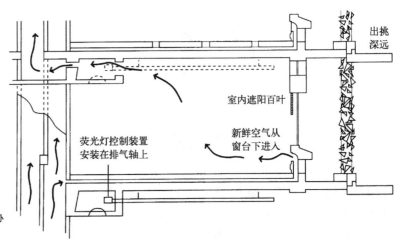

图 5-20　津巴布韦一商业建筑中办公空间的通风示意图

三、屋顶通风设备

屋顶通风设备可与屋顶设计相结合，用来将室内热空气排出室外或者将凉爽的室外风导入室内（或先导入结构空腔进行热交换降温后再进入室内）。屋顶通风设备可以设计为捕捉室外风的直接集风式，或者利用其烟囱效应来强化热压通风。优秀的屋顶通风设备设计可以将两种功能相结合，来适应变化的气候条件（图 5-21、图 5-22）。

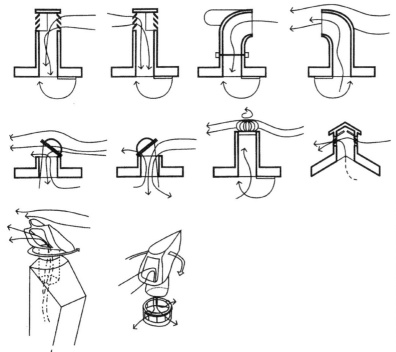

图 5-21　各式简易的屋顶通风口以及按空气动力学原理设计的便于集风或排风的现代屋顶通风口

西班牙建筑师高迪是一位屋顶烟囱设计大师，他的设计不仅具有雕塑的美感，而且对于太阳能烟囱、风塔以及其他屋顶设备的设计都具有启发作用。

图 5-22　巴塞罗那米拉公寓屋顶烟囱

　　捕风器可以根据当地的风向条件设计为固定的，朝向主导风向来起到集风作用，或者设计为多向或可旋转的捕风口捕捉不同方向的风。该原理亦可用于烟囱效应。同时，设备的形状以及建筑周边的环境对于一栋建筑屋顶通风设备效率的评价也起着至关重要的作用。

　　太阳能烟囱是对烟囱效应的改进设计，即通过在烟囱顶部设计太阳能集热设施加热空气以促进热压通风。最简单的方式就是通过在烟囱外部包裹黑色金属来集热，随着烟囱内空气温度的升高，室内空气会由于烟囱效应被排出室外（图 5-23、图 5-24）。

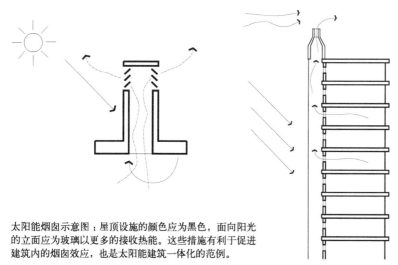

太阳能烟囱示意图：屋顶设施的颜色应为黑色，面向阳光的立面应为玻璃以更多的接收热能。这些措施有利于促进建筑内的烟囱效应，也是太阳能建筑一体化的范例。

图 5-23　太阳能烟囱示意图

一座按照烟囱效应、太阳能烟囱以及风塔原理设计的多功能屋顶通风设备，亦兼备采光功能。

图 5-24　多功能屋顶通风设备

由其工作原理可知，室内外温差越大，设备的通风效率越高。通过玻璃的运用或者设置具有高蓄热性能的金属可以进一步增强太阳能烟囱的效率，也可以使设备在太阳落山后依靠白天储存的热能继续工作。

四、机械通风

机械通风应作为地区气候变化的应对方法，而非对于通风设计不佳建筑的处理方式，当外部风速过低或者由于外界极端气候条件使建筑不得不对外封闭时，机械通风就成为促进室内空气运动的唯一方法。

简单的机械通风设备有：

（一）风扇

使用风扇来促进通风的优势在于：

1. 其通风效果及方向是可控的，例如，可使风扇产生的风远离工作区域以防止纸张或其他物品被风吹走。

2. 风扇的体积较小、构造简易且可按需操作。

个人用的风扇可安置于离使用者较近的地方，在使用时不会对其他人产生影响。吊扇可促进较大区域内的空气运动且在低速转动时声音较低，不会产生噪音污染。这类风扇在一些需要机械通风的室内是理想的选择，比如，在无法进行自然通风的建筑环境中，风扇可以为使用者降温散热。需要注意的是，一个普通吊扇会产生大约 50W 的热量，所以房间中的吊扇数量应通过仔细计算得出，避免由于风扇数量的不必要增加而导致房间的热负荷的增大，也可以采用一些已被研发出的更为节能、产热更少的风扇（图 5-25 ）。

（二）进气扇与排气扇

进气扇与排气扇可在自然通风不足以满足房间通风要求的情况下使用，它们可以设计为使用太阳能的简易装置。在建筑的通风设计中，可将用于进气的集风设施与排气扇结合使用，或者将进气扇与排气作用的风塔相结合，构成一个完整的通风系统（图 5-26 ）。

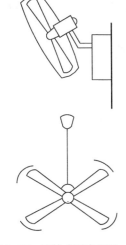

图 5-25　壁挂式风扇和天花板吊扇

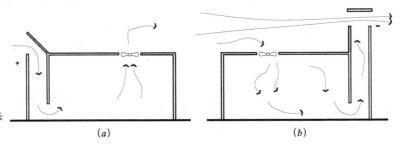

图 5-26　多种通风系统混合使用示意图

(a)　　　　　　　　(b)

第四节 自然致凉的方式

在炎热的夏季，建筑的室内空间有着不同程度的致凉要求，以下两种致凉方式均为利用自然资源的方式来达到为房间降温的目的。

蒸发致凉：通过水体的蒸发降温作用来为建筑结构或进入室内的空气降温。

地下致凉：是一种利用温度相对较低的地下土壤来为建筑外表面降温的致凉方式。具体有两种方法，一种是在空气进入室内前先经过地下的进气通风管道来为其致凉降温；另一种是使地下水在建筑内部循环流动来为建筑致凉降温。

一、蒸发致凉

（一）自然蒸发致凉

当空气流经水体时会导致水分蒸发，这一过程会使得空气中的一部分热量被吸收，从而达到致凉空气的目的。与此同时，蒸发的水分会保留在空气中，增加了空气的湿度，所以蒸发致凉的方式适用于干热气候区。

最简单的蒸发致凉方法是在微风进入室内前先引导其流经水池上方或通过水雾来为其致凉。其中，水池最好设置于两栋建筑之间的院落中，以确保降温加湿后的空气进入室内；而水雾的致凉效率比静止的水池更高，并且由于空气中的杂质会吸附于水雾中的小水滴上，所以水雾不仅可以为空气降温加湿，而且可以起到清洁空气的作用（图5-27）。

正如前文所述，蒸发致凉方式可与风塔原理相结合或者作为房间进气口的一种设计手段来使用。同理，由于植物也有蒸发降温的作用，所以植物也可起到水体的作用，而植物的另一优势在于其不仅可以清洁空气，更可以提高空气内的氧气含量。

有前后院的建筑：空气从有树荫和水池的院子流向另一个有阳光、温度较高的院子。后院的水池无论是白天还是夜晚都会对建筑产生有益的影响。

图5-27 利用院落致凉

（二）机械式蒸发降温

直接式蒸发降温方式的潜力在于空气吸收水分的能力。空气的干燥度越高，水分的蒸发量就越大，吸收的热量也就越多，蒸发降温的效果自然就明显，所以这一方法适用于干热气候区。

一个适用于小房间的机械式降温的简易方法是：在装满水的陶器前放置一个电扇，可以为室内带来降温致凉后的气流（图5-28）。

机械式蒸发降温方式是用风扇来创造可控而持续的气流，在气流的必经之处放置一面可透风的席子，然后将底部蓄水箱中的水泵入上方储水箱中，再慢慢滴到席子上，使进入室内的空气得以降温致凉，从而形成一个可靠而灵活的蒸发致凉方式（图5-29）。这一致凉装置可与太阳能电池相结合，通过太阳能来为其供电。由实验数据得出，当外部空气温度为35℃、相对湿度为40%时，经过该致凉装置的空气温度可降低5℃；当外部空气温度为35℃、相对湿度为10%时，经过该致凉装置的空气温度可降低11℃。

由于在干热地区水资源是很宝贵的，因此蒸发降温设施的用水量至关重要。以上述设备为例，每小时蒸发15升水可将100立方米的空气降温5℃（数据来自于《应变建筑》climate responsive building）。通过运用喷淋加湿技术的更加节水的蒸发降温系统已被研发使用。例如，在波茨瓦纳科技中心，水与空气被压缩在一起，放置在喷雾设备中，通过喷嘴将其与入室气流相混合，据对此蒸发降温系统的研究显示，每小时蒸发85.5升水可将21600m³的空气降温5℃，其节水率提升了大约35倍，而此科技中心的蒸发用水主要来源于雨水收集（图5-30）。

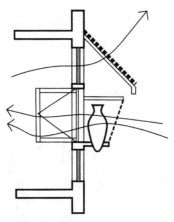

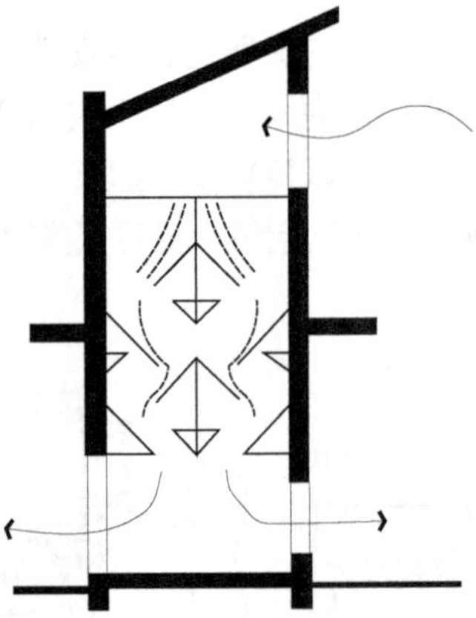

图5-28 利用装满水的陶器为空气降温（左）

图5-29 蒸发冷却装置与风塔相结合设计示意（右）

空气进入室内前先流经装满水的陶罐，通过蒸发冷却为空气降温。

蒸发冷却装置与风塔相结合的设计示意：在风塔中布置装满湿木炭的垫子，使入室气流经过垫子时通过蒸发让空气降温。也可以在进风口处设置喷雾装置，此例中喷雾装置被安装在通风塔顶部。

博茨瓦纳科技中心高科技含量的蒸发冷却系统
左图：外部热空气通过管道冷却后进入室内空间。
右图：按烟囱原理设计和当地风向设计的屋顶通风口。

图 5-30　博茨瓦纳科技中心高科技
含量的蒸发冷却系统

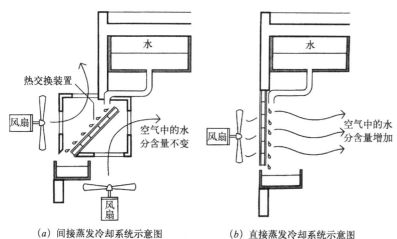

（a）间接蒸发冷却系统示意图　　　　（b）直接蒸发冷却系统示意图

图 5-31　间接式和直接式蒸发冷却
系统示意

　　由于湿热地区空气湿度大，直接式蒸发降温系统的潜力并不大，但可以使用基于热交换原理的间接式蒸发降温系统（图 5-31），该系统会使入户气流降温的同时湿度保持不变。

（三）其他蒸发致凉方式

　　干热地区还可以采用其他蒸发降温方式，例如，为屋顶和墙体喷淋来达到蒸发降温的目的，或者在屋顶安置一个蓄水池来作为热缓冲空间，这些降温方式会降低屋顶或墙体的温度，进而降低或消除其对于室内的热辐射，以上的这类方法在 B.Givoni 的著作《被动式、低能耗的建筑致凉方法》（passive and low energy cooling of builidings）一书中有详细阐述。

二、地下致凉

　　由于地表下土壤的温度与年平均气温基本相同，因此在炎热季节，地下温度低于室外平均气温，所以夏季利用地下的凉爽气温来为建筑及室内降温不失为一个好方法。为了尽量减少建筑周边的地

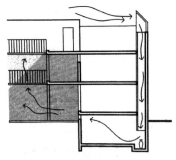

当入室气流先通过一个周边是土壤的地下室时，会使空气得以冷却。

图5-32 空气先进入地下再进入室内

表日照得热，可在建筑周边场地种植树木来吸收、反射太阳辐射。

地下土壤与建筑间的热交换过程为：土壤与建筑基础及墙体之间通过传导作用交换热量，随后墙体将较低的温度辐射到室内空间，与此同时，墙体吸收的室内热量再通过对流回到土壤。地下致凉其实还是对蓄热体原理的一种运用，但这一通过建筑构件来致凉建筑的方法对于大的建筑物来说效果有限，这主要由于高层建筑的消耗量特别大。然而，让室外空气在进入室内前先通过地下空间进行致凉的方法已经被人们运用了数个世纪。

一种利用地下空间为空气致凉降温的方法是先让空气流经一段位于地下的管道或走廊再进入室内。在管道入口处对空气进行加湿处理可以进一步降低气流温度，但湿热地区要注意防止潮湿的空气在管道内冷凝（图5-32）。如图5-33所示，该设计通过在地下设计储热装置来冷却入室空气。气流通过地下管道进入一个装满石头的地下空间，使得入室空气得以冷却。白天，系统为空气降温，而在夜晚，空气则为系统降温。这类设计已被用于很多地方，此处是津巴布韦的哈拉雷国际学校一座建筑的地下冷却系统的示意图，建筑师：皮尔斯合伙人事务所（Pearce Partnership）。

另一种利用地下空间为空气致凉降温的方法是在地下构筑一个保温隔热性能优异的储热体，然后在其中填充储热量较高的材料，入户气流在流经此处时会进行热交换，使得空气温度降低（图5-34）。在干热地区的冬季，室外温度会降到零度以下，这时还可用储热体为入户空气进行预热升温。

目前，高层建筑和部分多层建筑常设有地下室，过去多作为战略防御，而现在已扩展为停车、机房等，并有相当面积的地下空间闲置，其实地下室空间的热稳定作用是一项极好的致凉源泉，挖掘地下空间的热资源，结合建筑设计有宽广的发展前景。为了不至于将地下空间的废气带入居住空间，可以采取：双墙方式，即将地下空间的围合做成双墙夹空气层方式，两侧做好防潮层，将夹层内的冷空气通过简单机械方法送到室内；过滤方式，即从地下空间送来的冷空气经过一定的空气过滤方式，净化空气品质，不致霉味四溢，该方法要解决好以下问题（图5-35）

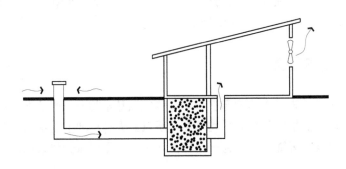

图5-33 某建筑地下冷却系统示意图

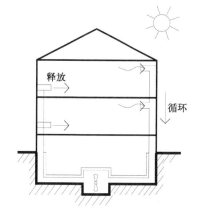

博茨瓦纳的国家食品科技研究中心。该建筑通过太阳能烟囱来排出热空气，通过地下管道来为入室气流加湿冷却，建筑师：埃里克（Eirc S.Leus）。
左图：气流入口处的落水池。
右图：太阳能烟囱以及复杂的遮阳系统。

● 吸风装置——即解决如何将地下冷（热）空气吸上来到达居住空间，一般采取被动方式和机械方法。

● 释放装置——到达居住空间以后应考虑有良好效果的散气口，可以设置烟道方式，并安放简易阀门进行控制。

● 循环对流——为了保证室温的稳定，室内空气和地下空间形成循环对流显得十分重要，因此在吸风和释放间建立对流是一项技术难点。

● 空气品质——是影响地下冷（热）源实际应用价值的重要因素，处理不当会使整个节能系统成为"废物"，因此宜采取相应方法解决室内空气品质问题。

图 5-34　博茨瓦纳的国家食品科技研究中心（左）
图 5-35　地下空间热利用系统示意图（右）

三、空调系统

"空气调节系统"简称空调，可以归纳为控制一栋建筑内空气质量及其进出方式的系统。在当今时代，空调的运用也许是无法避免的，例如当建筑内需要恒定的低温或者需要对建筑内通风与致凉条件进行快速调节时，都需要运用空调系统。

建筑内环境是否需要维持恒定应该在设计阶段予以确定。可以采用被动式的通风方案，也可以采用主动式的通风方法，在某些条件下，也可以采用两者结合的方式，比如，当地的自然通风适合在一年或者一天的某一时段使用，其他时间需要借助主动式通风策略时，可以采用两者结合的方式；一栋建筑内不同的空间通常有着不同的通风需求，这时自然通风及空调也可以同时启用，来服务于不同需求的内部空间。但无论怎样，都应该采用适合当地气候及建筑使用需求的通风策略，并且要配合以优秀的管理系统。

当建筑中使用空调系统时，建筑结构与自然通风建筑的结构会有所不同，例如，结构的储热能力、隔热能力以及它们所处的位置等方面都需要不同的处理方法，从而使建筑以尽量小的能源消耗来维持舒适的室内热环境。而当建筑中同时使用自然通风与空调系统时，设计工作会更加复杂。另外，良好的管理意识以及对于空调单元与系统的及时维护、保养对于节省能源有着重要意义。

最后需要指出的是，空调系统的使用需要稳定持续的电力供应，也许这对于许多发展中国家是比较难达到的。如果地区内无法提供稳定的电力保证，那么建筑中需要自备发电设施，以满足空调的使用需求。

四、自然通风与致凉的综合设计

（一）干热地区

1. 建筑外部周边环境应有利于促进建筑的自然通风，并确保空气在进入室内前致凉除尘。

2. 室内空间通风应给予合适的控制。原则上，在日间的炎热时段应尽量减少室内通风，在温度较低的夜间应充分通风使建筑结构散热致凉。夜间室内通风的气流应直接流经较热结构的表面，帮助结构散热，如屋顶天花板的下表面等；当空气温度低于人体体温时，也可以使空气直接流经使用者，为人们创造舒适的室内环境。

3. 通风口的设置。通风口的开启方式应灵活多变以适应变化的外部风环境。应在室内不同高度设置通风口，并且区别设计进风口与出风口的大小以利用烟囱效应促进室内通风。同一个通风口也应规划好使用策略，通过不同时间段的开启、关闭等手段来达到不同的使用效果。

4. 各式有利于促进自然通风的设备与方法应与建筑整体的通风设计相结合，比如风塔或屋顶通风设备等。

5. 蒸发致凉式降温可用于为建筑结构及室内空气致凉降温。蒸发致凉方式可以与促进自然通风的设施相结合作为进风口的一部分，也可以与建筑周边景观环境相融合，比如喷泉或水池皆有蒸发降温的作用。

6. 地下致凉与墙体通风可以被用来减少建筑结构的得热量，同时也可以用于致凉入户气流。

（二）湿热地区

1. 建筑外部周边环境应有利于促进建筑的自然通风，而建筑室内设计应尽量减少对于气流的阻碍效应。

2. 一般情况下，白天夜晚都应促进室内空间通风以避免建筑结构内的热量堆积，这就需要将结构设计为尽量朝可利用的风向开敞。

3. 应留有较大的通风口尺寸以促进室内穿堂风。在风力较小的时段，通风口可利用烟囱效应来促进室内通风。

4. 在一些地区夏季的正午，室外环境炎热潮湿，这时再通过自然通风必然无法创造舒适的室内环境。此时建筑应对外封闭，然后通过主动或者被动式的致凉方法来为结构或人体降温。

5. 简单的机械通风设备可以作为自然通风的补充手段。当外部风速过低而无法满足室内的通风需要时，可以采用机械设备来促进室内通风，提高室内风速等。如风扇可用于为特定区域或在特定时间提供气流，以促进室内通风，创造舒适的室内热环境。

6. 蒸发致凉式降温可用于为建筑结构及室内空气致凉降温，但更重要的是可以让使用者感到凉爽。这需要使气流经过使用者的高度，通风口的位置、大小以及蒸发降温设备应该按需设置在相应位置，并且可以对外部变化的环境作出适当调整。

7. 地下致凉与墙体通风可以被用来减少建筑结构的得热量，同时也可以用于入户气流的降温。

第六章　节能建筑实例

第一节　寒冷气候节能建筑——日本 Lzuna House

一、基本资料

地点：日本长野县

基地面积：3597m²

建筑面积：608m²

楼层面积：990m²

建筑功能：休闲度假别墅

层数：地上两层、地下一层

结构：钢筋混凝土

气候特点：长野县位于日本本州岛中部素有"日本屋脊"之称的中央高地上，是日本八大内陆县之一。地理位置介于东经138.38°，北纬36.69°之间，与中国济南的纬度相当。除北部多降雪属日本海洋式气候外，大部分属于内陆式气候。全县地势较高，所以平均气温也偏低，天气较干燥，温差非常大。一般晚秋左右就开始下雪，直到大约四月初左右。因高山与盆地的地形影响，气温落差相当大，是本州岛降雪较早、较多的县份。

二、建筑节能设计策略

Izuna 被称作日本的世外桃源，田园般的花草和苍翠繁茂的落叶树林中散布着众多的鱼塘、湖泊，寒冷季节的降雪有时可达60~100cm厚。株式会社日建设计（Nikken Sekkei）选取这样一处田园场地，整合并利用高耸地势的自然资源建造了这座山地别墅（图6-1）。建筑功能为休闲度假别墅，尽可能的保护原有自然环境并将其融入建筑美学和建筑空间中。该建筑坐落于海拔1100m的缓坡上，是中部山地国家公园（Chubu Mountains National Park）的一部分，该地区的本土植物和野生动物受到严格保护。因此，在这里建造建筑要严格遵循环境标准，建筑开发只限在某些特殊区域。

图6-1 总平面图

（一）可以捕风的房子

为了有机的和周围山地环境融合，该建筑由开敞和围合相间的有序空间构成，即一个可以捕风的房子。该项目的能源目标是可持续的减少对周边环境的破坏，限制化石燃料的消耗，最大程度的减少对人工制冷和取暖的依赖。由于地处林带深处，该建筑包括一幢居住建筑和一个独立的含厨房及公共区的单元，这两部分由一个客厅连接。该客厅装有大面积可向上推拉的玻璃幕，使其适用于多种功能（图6-2）。

山地地形以某种特殊的方式影响了风流，周围浓密的树木阻挡了冰川的寒风。同样，该建筑通过一系列的建筑学策略利用高地顶部的风压来冷却居住空间。周边的森林起到了辅助致凉的作用。一排高大的松树高出屋面轮廓，围合成一个自然的闭合空间，起到了遮荫作用，并使微风徐徐吹入建筑内部。处于高低两处的入口小路，有7m高差，加强了通风效果（图6-3）。入口小径的温度进一步被植物的蒸腾作用降低。

客厅是建筑的核心空间，在这里，客厅被设计成简洁多用途的公共空间。既可以是室内空间，也可以成为室外空间。该客厅设计成通高的单层，长宽分别为10m、8m，高6m，客厅南北两侧设有整面的玻璃窗幕。由钢和玻璃组成的格窗，高2m，宽8m，可以升降，形成了一面活动窗墙。夏季温和的天气中，两面的玻璃窗升起，使来自山间的微风吹过。游客可以坐在客厅中观赏森林美景，森林中的"居民"——野生动物偶尔也会在开敞的客厅中徜徉而过（图

图6-2 从花园朝开敞客厅看

图6-3 建筑的通风路径草图

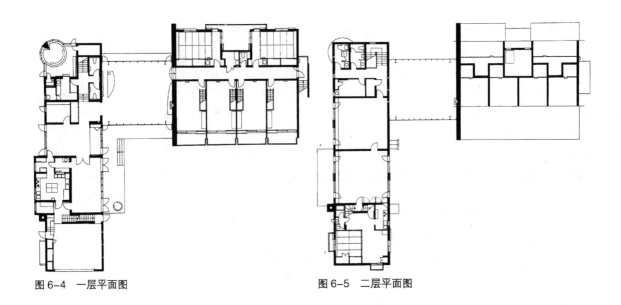

图 6-4　一层平面图　　　　　　　　　　　　　图 6-5　二层平面图

图 6-6　地下层平面图

6-4~ 图 6-6)。

冬天和夜间,山间气温骤降,玻璃窗幕降下,客厅便成为室内空间。这样的设计使居住其中的人可随时随地体验和适应不同的气候变化。

居住部分也体现了捕风的特点,依山就势,它坐落在三个不同高度的地平上。卫生间位于最低的部位,客房在第二个地平高度,最高处为休闲空间。这样错落的排布创造了自然的风流,使各个房间不需要使用空调,自然通风良好。即使是无风天气,因为地板和顶棚的温度差也会形成通风效果。

日建设计使用最新的计算机流体力学分析技术验证了这些效果。建筑完工后,在现场进行了数据实测,以检验是否达到预设目标。对选定的房间,监测夏季夜晚开窗状态下的室内温度和风流。并和其他关闭窗户的房间进行比较。根据房间大小,最低通风次数定在 4~6 次 / 小时。靠窗监测点的温度和最高处、地板处的温度相差 4~6℃。而阳台上测定的风并无变化,这表明利用高低窗的温差实现的通风效果明显。白天,房间窗户开启时,测定结果显示整个房间可以达到 10~20 次 / 小时的通风率。而同时在阳台测定的风速仅为 0.1~0.7m/s。验证了温差对通风的促进作用。这个测试证明在自然通风良好的空间,即使在夏季,气流均匀分布,室温也可保持凉爽,达到 26℃以下。

（二）地热利用

融入设计中的"地下通道",使该建筑成功地利用了地热能源。

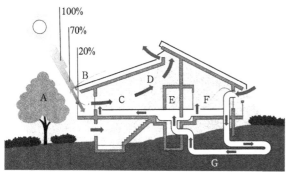

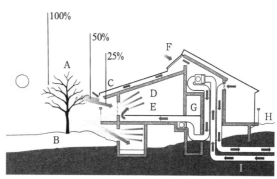

A 落叶树；B 深挑檐；C 卧室；D 气流方向；
E 走廊；F 卧室；G 冷却管道

A 落叶树；B 雪反射光；C 金属屋面集热板；D 卧室；E 采暖地板；
F 玻璃屋面集热板；G 走廊；H 雪起到保温作用；I 采暖管

室外空气被导入通道冷却，冷却后的空气再被吹入到各个生活空间。地下冷却通道省去了使用化石燃料冷却的设备，而这种设备通常只能在夏天被使用很短的时段。窗户上方的屋檐大大减少了可能产生的眩光，同时有效地起到了隔热作用，减少室内制冷的负荷。

图 6-7　夏季通风图示（左）
图 6-8　冬季通风图示（右）

地下通道是一个直径为 350mm，36m 长的管道，埋置在花园地下 1.5m 深的土层中。利用土壤固有的热传导特性，夏季可以冷却室外进入的空气，冬季则可以加热进入的室外空气（图 6-7、图 6-8）。夏季，被冷却的空气泵送到客房地板下，可以使地板温度降低到 22.5℃，保持室内气温舒适。实测室外温度从 28℃经过地热管道被冷却达到 22℃，证实了使用本地自然资源，如地热资源，可以有效替代化石燃料。

（三）风和阳光结合利用

屋顶的南向设有双层坡屋面，表面一层为太阳能热水和供暖设备，该层与屋面结构层之间形成通风层，使夏季的隔热效果良好，冬季则有效吸收太阳辐射（图 6-9、图 6-10）。冬季，被加热的新鲜空气通过南向屋檐和地热通道通入到各个室内空间。夏季，风流经过双层屋面中间的空间，带走室内热量。这种方法使室内保持凉爽。

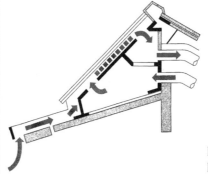

图 6-9　屋顶集热板（左）
图 6-10　屋顶集热板示意图（右）

在 Izuna House 设计中，土地、太阳、山谷风、防风林和地热等自然资源在整个建筑中有机地融为一体，是深入理解、分析建筑用地环境、利用自然资源，把自然要素有机融入日常生活的典型范例。

第二节　夏热冬冷气候节能建筑

一、崇明陈家镇生态办公楼

地点：上海崇明县陈家镇
基地面积：8502.6m²
建筑面积：5117m²
建筑功能：办公楼
层数：地上三层、地下一层
结构：钢筋混凝土
气候特点：崇明三面环长江，一面临东海，位于西太平洋中国海岸线中点。地理坐标东经121°，北纬31°。崇明地处亚热带，气候温和湿润，四季分明，属季风气候。年平均气温15℃，日照充足，雨水充沛。灾害性气候主要有台风、暴雨。

崇明岛陈家镇生态办公楼（图6-11）位于上海市崇明县陈家镇的门户位置，南至东滩大道，西至北辰公路。建筑主体结构为地上三层、地下一层，高12.6m、长75m、宽22.5m。该建筑办公楼围绕节能环保的绿色建筑主题，在建筑低碳使用、节能减排，以及资源循环利用方面做了许多有益的尝试。

在外部形态方面，建筑由三个完整的立方体体块构成，中间扭转的体块是建筑的核心交通空间，它连通了左右两个办公空间（图

图6-11　外景照片

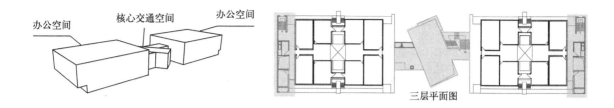

办公空间 核心交通空间 办公空间

三层平面图

6-12）。建筑内部空间比较简洁，设计师将建筑功能中的服务空间，
诸如卫生间、设备间、疏散楼梯间、茶水室等集中设置在建筑的东、
西两端，这样，就自然地将主要的办公空间解放出来，既保证了主
要办公人员的集中办公需求，分列式的服务空间也保证了主要空间
的正常运作（图6-13）。

图6-12 建筑体块构成（左）
图6-13 分列式服务空间（右）

（一）建筑外部导风体系

建筑外部的导风设计是基于对建筑基地主导风向的研究，在
建筑迎向常年主导风向的方向，设计导风墙，将自然风通过建筑端
部形体的组合，引入建筑首层两侧的架空区域，并在架空层和内部
导风系统连接，从而达到最大限度的自然通风的效果（图6-14~
图6-16）。

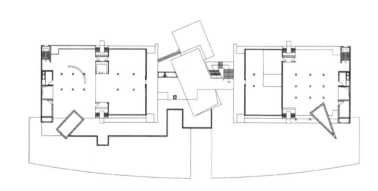

图6-14 首层平面图

图6-15 导风设计

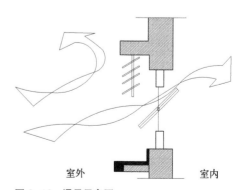

室外　　　　　　室内

图6-16 通风示意图

图 6-17 遮阳导风构件

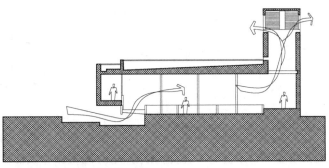

图 6-18 北向导风功能的风塔

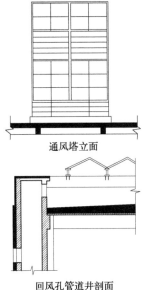

通风塔立面

回风孔管道井剖面

图 6-19 通风塔立面和回风
孔管道井剖面

建筑外部导风体系的另一部分就是建筑立面与开窗结合的部分，通过合理设置遮阳构件的尺寸、安装位置，结合开窗的方向，在达到遮阳目的的同时，将自然风有组织的导入室内，既丰富了立面，又达到良好的通风效果（图 6-17）。北向主要以导风功能为主（图 6-18）。

（二）建筑内部导风体系

建筑内部导风体系的原理是在生态建筑领域比较成熟的烟囱效应——利用垂直筒体空间内外空气温度不同形成的空气压，使空气上升或下降，以加强空气对流的效果。热压通风的另一个好处就是通风不受建筑物朝向的影响，当然还是迎向主导风方向的效果更为明显。中厅处设置的展示区内的侧墙处设置了拔风井的出口，室内需要自然通风的时候可以开启，利用自然的物理效应来给公共区域通风（图 6-19~ 图 6-21）。

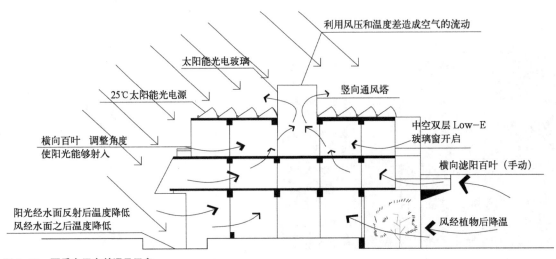

利用风压和温度差造成空气的流动

太阳能光电玻璃

25℃太阳能光电源

竖向通风塔

横向百叶 调整角度
使阳光能够射入

中空双层 Low-E
玻璃窗开启

横向滤阳百叶（手动）

阳光经水面反射后温度降低
风经水面之后温度降低

风经植物后降温

图 6-20 夏季白天自然通风示意

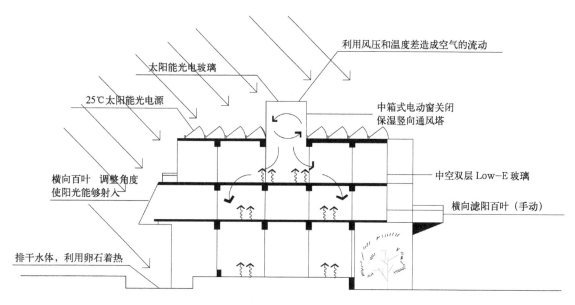

图 6-21 冬季白天机械通风示意

利用风压和温度差造成空气的流动

太阳能光电玻璃

25℃太阳能光电源

中箱式电动窗关闭
保湿竖向通风塔

横向百叶 调整角度
使阳光能够射入

中空双层 Low-E 玻璃

横向滤阳百叶（手动）

排干水体，利用卵石着热

（三）遮阳体系

建筑的楼板层向外悬挑 1.2m，种植绿色植物，并将可控的遮阳板结合设计在一起，遮阳板的高度经过模型的反复比较确定为 1.5m。通过调节可以实现对室内光环境的合理控制，同时结合开窗形式对导风作用强度也能有所影响。

（四）雨水利用

水的循环利用是该建筑的另一大特点，屋顶的雨水回收系统可以将集聚在屋顶的雨水回收，经过加工和处理之后作为卫生间的冲洗中水，同时采用分区的冲洗达到再次节水的目的。

二、上海市某专家宿舍

该专家宿舍为两层独立式太阳能别墅建筑，建筑面积 150m²，被动式太阳能采暖得热面积 75m²，建于 1993 年，地点上海市虹桥开发区，由同济大学建筑系设计。

被动式太阳能建筑设计概况：

该建筑地处基地的东南角，南边有一条河，河岸上及东面种植落叶树。东面的落叶树在夏天可以为建筑遮挡部分日晒，冬季则不影响阳光的射入。北面和西面种植常绿树，可以阻挡冬季的西北风侵袭。

建筑平面形式为长方形，西部略朝南突出，这样的平面布局既可使建筑在冬季接收充足的太阳辐射热，又可在夏季阻挡部分西晒

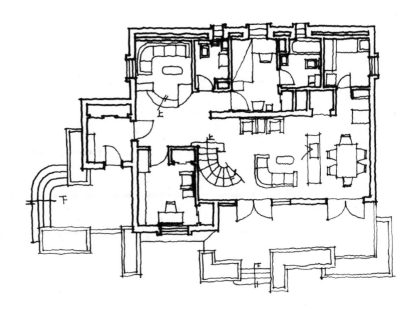

图 6-22　建筑平面

热量。入口设计为南向，且设有门斗，防止冬季冷风直接袭入室内。平面图参见图 6-22。

　　按上海地区气候条件，南偏东 15° 为最佳方位，因此该建筑朝向设计为南偏东 15°，这样可以获得较多的太阳辐射和夏日的自然通风。

　　窗户采用双层窗或单层窗单层中空玻璃，东、西、北三面墙上尽量少开窗，防止空气渗透，且窗内加双面铝箔保温窗帘。南向起居室、餐厅部分设大玻璃窗，内设铝箔保温窗帘。入口处的外门为保温门，内贴铝箔空气层，外用三夹板顶牢，门四周贴橡皮条，将缝隙遮挡，防止冬季冷空气渗入。

　　屋顶设有天窗，坡度为 46°，即为最大量吸收太阳辐射的角度，天窗内设保温板及滑轨，用马达驱动卷扬机升降保温板，这些设备放在屋顶下的三角形空间内，并设上人孔以备检修。

　　南墙面上设部分特隆布墙，即蓄热墙外加玻璃（内夹空气层），蓄热墙采用砖墙外涂红色乳胶漆。

　　北墙做成双层墙，内夹 150mm 厚空气层，地面架空板下也有空气层，空气在整个结构系统中形成循环。地下设有风机，当自然空气循环不充分时，用风机辅助空气循环。斜屋面做保温措施且设置通风层，斜屋面下的吊顶也用铝箔空气层外加三夹板，形成保温措施。

　　由于总体设计中设有集中采暖空调设施，因此，将其作为辅助设备，待冬天连续阴天或下雨无法收集到太阳热时，采用辅助的送风系统，夏季采用人工降温，集中送冷风，但也设自然通风。

　　该案例是早期上海地区比较杰出的利用太阳能的建筑案例，其工程实践有力地促进了上海地区节能建筑的研究和推广工作。

第三节　夏热冬暖气候节能建筑实例——台湾成功大学绿色魔法学校

一、基本资料

　　地点：台湾台南市成功大学

　　建筑面积：4800m²

　　建筑功能：办公楼和科研基地

　　层数：地上三层、地下一层

　　气候特点：台南市位于北回归线之南，即北纬23°，东经120°间，属副热带季风气候与热带气候的过渡带，全年温和少雨、日照充足;全年平均气温23.8℃，最冷月（1月）17.1℃，最热月（7月）29.0℃。全年日照时数2421.3小时，居全岛之冠。大陆冷气团南下时，气温亦会降至10℃以下。受季风及地形影响，降雨干湿季分明，雨量多集中于夏季，占全年降雨量80%以上，年平均降雨量约1570mm。西南季风盛行。

二、节能建筑设计策略

　　"绿色魔法学校"于2011年1月12日在台湾成功大学力行校区落成启用（图6-23）。建筑用"中钢"的高炉水泥，比一般水泥减少三成的用量及一成的二氧化碳排放，但强度增加四成;采用水库的污泥烧制成陶粒，作为隔间墙骨材料以及屋顶花园的土壤，可吸音、保水。其他还使用不会产生戴奥辛的电线、玉米做的地毯、宝特瓶抽纱制作的窗帘，以及不含甲醛与重金属的油漆、抑菌钢板、可吸臭气的墙面等，是台湾生产绿色商品的展示间。建筑外的车道，采用台大教授设计的生态工法（图6-24），即在建筑外地面采用透

图6-23　建筑实景

图6-24　生态道路

图 6-25　航空涡轮风扇

水 JW 水循环设计，以此方法施工的生态道路，具有高强度、透水性好、净化空气的功效。地砖采用的是梯形体设计，受力面积大，不易踩陷，地砖间设有小孔供雨水流入下面的土壤，使得地砖表面以下温度不会过高，而且可以为植物生长提供充足的水源。

屋顶有空中花园隔绝热气，还有可随太阳转向的太阳能板，以及作为风力发电的桅杆，即在太阳能光电板旁边，用小型航空涡轮风扇组合成的风力发电机（图 6-25），排列如蜂巢状，旁边设有雨水收集斗，可以将收集的雨水，用来冲马桶和浇花，据介绍绿色魔法学校整栋大楼的用水量，和同样大小的办公大楼相比节省了一半。

该楼内空间设有一处 300 人会议厅（崇华厅）、六间中小会议室以及行政研究办公室，现为成功大学研究发展基金会与成大博物馆，内部另有一间"亚热带绿色建筑博物馆"。经建成后测试，已确定达成节能 65% 的世界最高水平，目前以 4.7 公顷造林的碳中和措施成为台湾第一座"零碳绿色建筑"。

（一）建筑造型

绿色魔法学校外观是以诺亚方舟的概念设计，如一艘星际大战的飞船，飞船屋顶有一面叶状活动式太阳光电板，像是飞船的舵。屋顶通风塔被做成像是附有烟囱的轮机指挥舱，所有栏杆、扶手、阳台也被做成舰艇的感觉。调节太阳能光电板角度的控制器，也以旧船货店买来的一个日本商船的大轮盘做成，控制轮盘的平台以钢架做成一艘海盗船的样子。屋顶屋面出挑很深，形成深邃的遮阳，可挡掉大部分进入室内的直射日照，因而减少了空调能耗。

（二）屋顶花园

屋顶被设计成阶梯状花园，花园上种满由台湾各地特选的景天科耐旱植物，强烈显现出自然生态与现代科技的对比（图 6-26）。屋顶花园可以有效减少热岛效应、节约空调能耗。在台湾南部，强烈的太阳照射下的屋顶表面可达 70℃以上，经过该屋顶花园冷却后，屋顶楼板室内最高表面温度可维持于 32℃以下，即顶层空间全年几乎可不使用空调。屋顶花园以淤泥再生陶粒作为土壤，利用陶粒的多孔隙、高吸水性，维持保水抗旱的功能。淤泥再生陶粒是先将水库淤泥或污水处理厂污泥研磨成粉末，再混合稻壳后，再烧制成轻质陶粒，具有 30% 的孔隙率，具有很高的吸水率（图 6-27）。每下一阵雨或滴灌一次水，陶粒就可吸满水并可保持一周不浇水而植物存活良好。淤泥再生陶粒同时具有不风化、不分解的特性，它不像一些有机土壤有分解消失的现象，可永保屋顶园艺免于填补土壤的麻烦。

图 6-26　屋顶花园

图 6-27　淤泥陶粒

（三）空调与吊扇并用系统

绿色魔法学校强调顺应自然的设计，除了最基本的自然通风开窗设计之外，特别引入吊扇设计，这样可让办公室的全年空调时间减少九成以上（图 6-28）。设定外气温大于 31℃时才能使用空调，在 27℃ ~31℃时，只能使用吊扇通风，在 27℃以下则打开窗户通风即可。实验分析证实采用该种控制方法全年空调时数可降至一个

图 6-28　空调与风扇通风并用

月，空调节能高达 76%。吊扇空调并用设计的前提必须同时设计细长双向通风的建筑平面，以达到良好的通风效果。

（四）灶窑通风系统

绿色魔法学校最引以为豪的设计就是以自然通风设计的会议厅（图 6-29），关键技术即采用了灶窑通风系统。如同老式的灶窑，由一个砖泥塑成的保温灶台和一根长长的烟囱构成，氧气由底部添柴处进入，废气由顶部烟囱快速排出，是一种燃烧效率很好的烹饪设备。会议厅主席台后面设有一排开口用以引进凉风，同时在最高客席的后墙上设计了一个壁炉式的大烟囱，创造出一个由低到高的流场，以有效排出废气。为了加强浮力，在此烟囱南面开了一个透明玻璃大窗，烟囱完全喷涂成黑色，以吸收由玻璃引进的太阳辐射热。在冬天，这一措施可使会议厅完全不靠电力而达到舒适的通风环境。

经流体力学模拟（图 6-30），在设计时就预知在台湾的冬天十月到次年三月间，即使不开空调，会议厅内部的风速仍可维持在 0.1~0.6m/s 的舒适范围内。新鲜空气的换气次数可达到 5~8 次的最健康水平。为了让气流通过观众席不会受到太大阻力，会议厅没有采用一般笨重封闭的座椅，而是选取了最轻巧、风阻最小的金属座椅，只在与接触人体最小的面积上缝有最薄的柔软靠垫，让座椅四周留出很多间隙，以容许最大的气流通过。在四至十月的温热期间，这种通风系统以闸门控制改成一般密闭空调方式，其节能以高效率主机、变频空调实现。空调的新鲜空气量特别要求必须高于一般水平，室外空气耗能则以全热交换器回收。用 1 : 20 的缩尺模型进行烟流试验，确认了通风气流可均匀的到达每一个座席，保证了完美的通风环境。通过 DOE 进行动态空调能耗模拟分析，确定当室外气温低于 28℃时，即可使用该系统，室内最高温度可维持在 30.5℃，在风速 0.5m/s 下可保证舒适范围。同时全年可节省 27% 空调能耗。通风塔与闸门控制设备花费 20 万元（新台币），其回收

图 6-29　会议厅

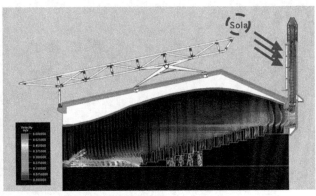

图 6-30　灶窑通风系统的 CFD 模拟

年限约为三年。

（五）节能效果

绿色魔法学校经过使用，已确认可以达成节能 65% 的设计目标，即一般三层办公建筑每平方米平均耗电 125kWh/（m^2·yr），而该建筑为 43.7kWh/（m^2·yr）。

该建筑采用的 13 种绿色建筑节能设计策略中，可分为三部分，即设计节能、设备节能和再生能源（图 6-31）。第一部分设计节能不花钱或少花钱，以建筑与设备的专业来达成的节能设计，包括由开口、遮阳、屋顶隔热等建筑外观的节能设计，由平面、通风塔、吊扇等自然通风的节能设计，以及空调、照明设备的减量设计，这部分总共可达节能 41%（图 6-32~ 图 6-35）；第二部分设

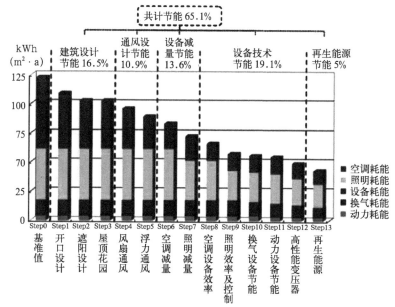

图 6-31　十三种节能技术的效益分析

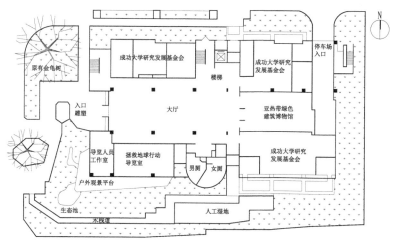

图 6-32　一层平面简图

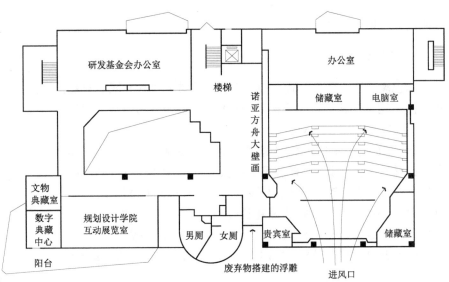

图 6-33 二层平面简图

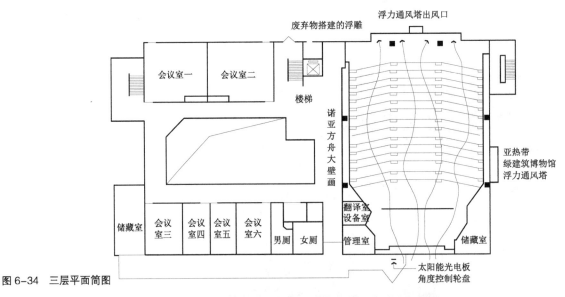

图 6-34 三层平面简图

图 6-35 建筑入口

备节能是以高效的变频空调、全热交换器、高效率灯具、照明控制、高效率受电变压器等方面的设备硬件节能，这部分总共可达节能19.1%；第三部分是以太阳能与风力的再生能源部分，可达节能 5%。由此可见，越简单越自然的技术节能效率越好。

魔法学校绿色设计强调经济实惠、适宜技术、本土科技的口号，每平方米造价仅为 8.7 万元（不含再生能源），与一般建筑的造价相当。

第四节 热带气候节能建筑实例——新加坡国立图书馆

一、基本资料

地点：新加坡

建筑面积：70686m²

建筑功能：图书馆

层数：地上 16 层、地下 3 层

气候特点：新加坡位于北纬 1°，东经 103° 附近，属热带雨林气候，气温湿热，日温差和年温差极小，月平均气温 24~27℃，年降雨量 2400mm，没有台风的袭扰。每年 4~9 月是少雨季，10~3 月为多雨季，相对来说，6~8 月较为干燥。每日平均气温 26.7℃，其中最高每日平均气温 30.8℃，最低每日平均气温：23.9℃。12~1 月为最冷月份，5~7 月是最热月份。每日平均相对湿度 84.3%。

新加坡有两个不同的季候风季节，从 12~3 月吹东北季候风，相当潮湿；6~9 月则吹西南季候风，最为干燥。两个季风期间隔着季候风交替月，即 4、5 月，以及 11、12 月。在季候风交替月里，地面风弱多变、阳光酷热，下午至傍晚时分，全岛经常会有阵雨及雷雨。

二、概述

新加坡国立图书馆位于新加坡维多利亚街，建筑高 98m，是马来西亚建筑师杨经文参加国际设计竞赛中标，项目于 2002 年开始动工，2005 年 11 月落成并对外开放。建筑四面临街，西北侧道路为维多利亚街（Victoria St）、东北侧为中街路（Middle Rd）、东南侧为北桥路（North Bridge Rd）、西南侧为贝恩街（Bain St）（图 6-36）。

新加坡国立图书馆充分利用热带气候的特点，利用被动设计、主动设计和综合设计多种节能策略，建造了高能效、舒适、宜人的公共空间，并把技术与建筑美学设计完美融为一体。

图 6-36　新加坡国立图书馆

三、被动式设计策略

（一）场地布局与朝向

整个项目的规划体现了对用地的优化和被动式策略的舒适性。作为一座受外部气温和热辐射影响的建筑，图书馆朝向定位原则是尽可能减弱直射阳光和周围热辐射对室内的影响（图 6-37）。在立面设计上，也充分考虑了朝向对建筑内部空间的影响（图 6-38）。

（二）开敞空间与通风组织

建筑首层很大一部分架空，成为城市公共空间的一部分，绿化

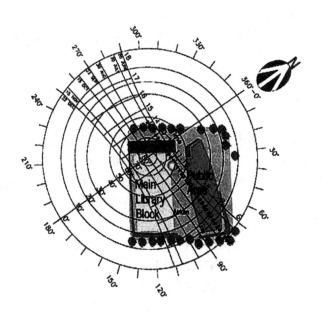

图 6-37　建筑朝向

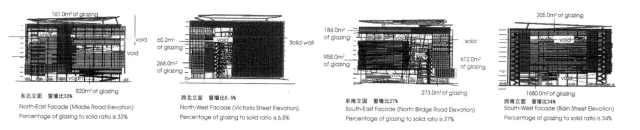

东北立面　窗墙比33%
North-East Facade (Middle Road Elevation)
Percentage of glazing to solid ratio is 33%

西北立面　窗墙比6.5%
North-West Facade (Victoria Street Elevation)
Percentage of glazing to solid ratio is 6.5%

东南立面　窗墙比27%
South-East Facade (North Bridge Road Elevation)
Percentage of glazing to solid ratio is 27%

西南立面　窗墙比34%
South-West Facade (Bain Street Elevation)
Percentage of glazing to solid ratio is 34%

图6-38　各个朝向的窗墙比

也自然延伸到建筑物内部，使城市与建筑空间、建筑室内外空间有机相连。整个建筑由两部分组成，其中一部分为规则矩形，另一边为弯曲的条状体，形成了中间的垂直开敞空间，并由悬置在垂直开敞空间的天桥连接（图6-39~图6-41）。架空的底层花园与垂直贯通的开敞天井空间相通，形成连贯的水平与垂直空间的衔接。

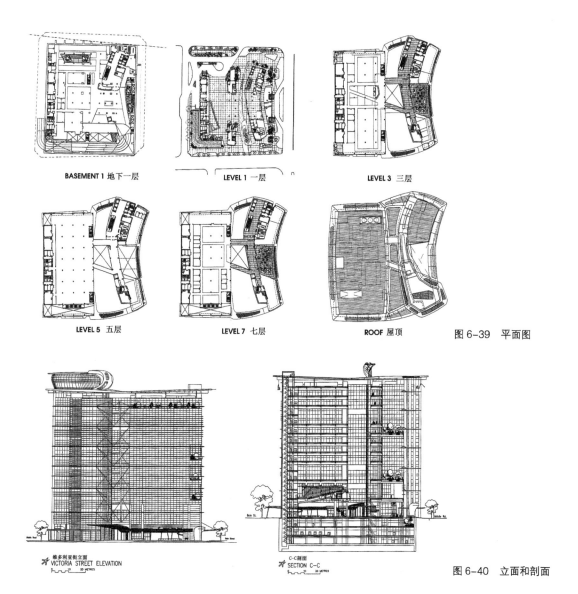

BASEMENT 1 地下一层

LEVEL 1 一层

LEVEL 3 三层

LEVEL 5 五层

LEVEL 7 七层

ROOF 屋顶

图6-39　平面图

维多利亚街立面
VICTORIA STREET ELEVATION

C-C剖面
SECTION C-C

图6-40　立面和剖面

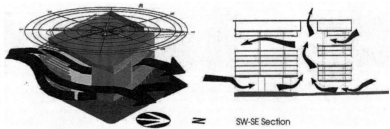

图6-42 通风示意

图6-41 垂直天井

高达100m的开敞向天的垂直天井，不仅给底层架空的公共空间提供了充足的自然采光，同时利用烟囱效应，促进通风效果，为人们进入图书馆室内之前营造了一个凉爽的过度空间（图6-42）。

建筑外型设计具有热带生态特点，建筑外墙覆盖白色铝板，以降低太阳辐射对室内的影响，建筑外立面设置了众多凹廊、空中花园，以及巨大的屋顶挑棚。垂直绿化空间贯穿建筑上下，为建筑内部空间营造了舒适、便捷的外部休憩、交流和与自然接触的场所。建筑内部的开放空间引入的自然通风和建筑中超过6300m^{2}的空中花园，使建筑在适应热带气候、降低能耗的同时，也为使用者提供了优美、健康的环境（图6-43）。

（三）缓冲空间

图书馆的功能根据不同的使用特点，周边环境和朝向等因素，合理布置。图书馆的空间布局如同一个知识金字塔，同时根据使用功能的特点和需求，较低的楼层布置了公共交流、借书、儿童阅览、剧场等空间，较高楼层设置了专业学术研究空间，这样大大提高了对交通噪声的控制，营造了更适宜的学习研究氛围（图6-44）。

构成平面的两个主要体块，矩形体块中主要是图书馆馆藏和阅览空间，弯曲条状体块为公共大厅、展览、咖啡厅、学习室、会议室、办公室、多功能厅等。建筑的平面布局设计针对热带气候，在矩形体块西南侧和西北侧设置了楼梯间、电梯间、卫生间等服务用房，这些辅助空间作为室内主要空间的缓冲，提升了建筑的隔热效果。西北侧的电梯核起到了阻挡午后太阳辐射的作用（图6-45）。

东侧、南侧、北侧立面中，分别在适当位置设置了大小不一的空中花园，植物茂盛，不仅为室内使用人员提供了休息、交谈的绿色空间，另外，通过遮挡太阳直射、植物蒸腾作用等，起到减少太阳辐射吸收、缓解城市街道噪声、缓解城市热岛效应的作用，同样起到了空间缓冲的作用。

图6-43 空中花园

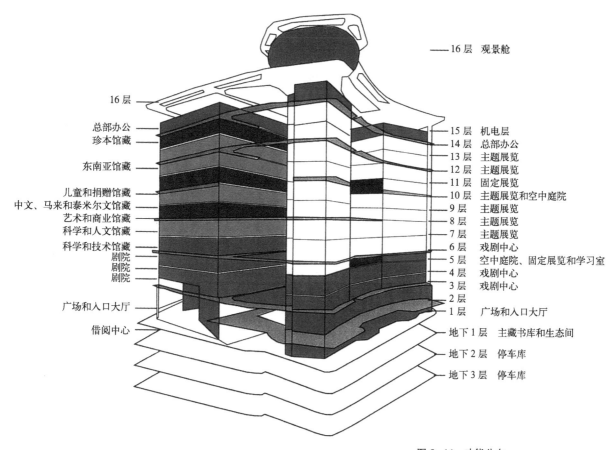

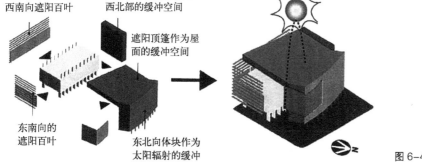

16 层 观景舱

16 层

总部办公
珍本馆藏

东南亚馆藏

儿童和捐赠馆藏
中文、马来和泰米尔文馆藏
艺术和商业馆藏
科学和人文馆藏
科学和技术馆藏
剧院
剧院
剧院

广场和入口大厅

借阅中心

15 层 机电层
14 层 总部办公
13 层 主题展览
12 层 主题展览
11 层 固定展览
10 层 主题展览和空中庭院
9 层 主题展览
8 层 主题展览
7 层 主题展览
6 层 戏剧中心
5 层 空中庭院、固定展览和学习室
4 层 戏剧中心
3 层 戏剧中心
2 层
1 层 广场和入口大厅
地下 1 层 主藏书库和生态间
地下 2 层 停车库
地下 3 层 停车库

图 6-44 功能分布

西南向遮阳百叶

电梯井和卫生间作为
西北部的缓冲空间

遮阳顶篷作为屋
面的缓冲空间

东南向的
遮阳百叶

东北向体块作为
太阳辐射的缓冲

图 6-45 功能缓冲图

（四）遮阳和自然采光设计

遮阳部分由 Arup 公司深入设计，设计要解决遮阳问题，同时还要保证有充足的自然采光。为了解决这个问题，Arup 制作了一个立面的实物模型模拟遮阳和采光效果，最终确定了遮阳板的材料和位置。

为了减少接收太阳辐射，立面遮阳依照 30° 太阳高度角设计，当太阳高度角高于 30° 时，遮阳构件可以遮挡全部的直射光线，即在上午 10 点到下午 4 点间，没有直射阳光进入室内。该建筑采用了世界上最大的安装于曲面玻璃幕墙上的遮阳板，从玻璃面出挑 1.8m。为了解决在空中安装的困难，在幕墙安装之前，遮阳板就先与玻璃幕墙连接。为了支撑这些遮阳板，以及 4.5m 的层高，幕墙竖框宽 250mm，达到了铝合金框材的最大尺寸。窗户高度和遮阳间距的研究最后确定了一个标准间隔 1.1m、近地面间隔 2.2m 的模数，遮阳板深 2.4m，其中 1.2m 延伸入室内。这个尺寸也充分考虑到了幕墙清洁导轨设置的尺寸。

建筑的南、北、东三面，为了获得充足的自然采光，采用了玻璃幕墙，幕墙上分别设置了多种尺寸的遮阳条板，避免太阳直射和眩光，使遮阳措施与整个立面设计融为一体（图 6-46）。多层遮阳板穿过玻璃幕墙延伸至室内，在白天起到遮阳作用的同时，把自然光线通过遮阳板上表面反射进入室内，使自然采光更深远和均匀，

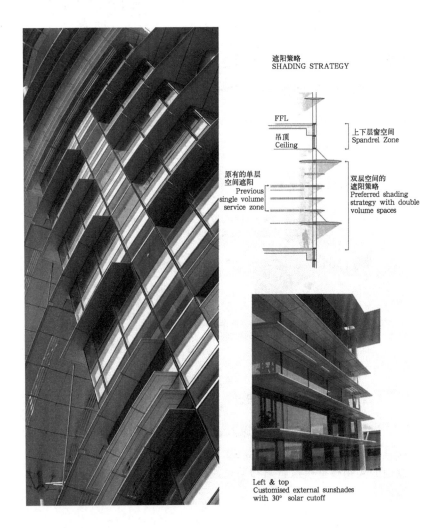

图 6-46　遮阳板

营造适宜阅读的自然光环境。当太阳很低，遮阳板不能有效遮阳时，某些位置的遮阳帘就会自动落下进行室内遮阳。

建筑整个立面都设置了适当的遮阳，包括连接两体块的巷道遮阳板，它使矩形和弯曲形体在视觉上自然的联系成为整体（图6-47）。这个遮阳板尺寸达到 6m 宽、14m 长，但仅有 400mm 厚，显得非常轻盈。同时，巷道遮阳板的围合，营造了一个个凉爽的小环境。这些遮阳板引导自然微风吹进一层架空广场，使该空间在全天都凉爽宜人。

图 6-47　遮阳板细部

为了达到轻盈的美感，建筑师对遮阳板的设计概念是尽可能的纤细、轻薄。结合主体建筑的遮阳板的连续性和结构特点，巷道处的这些遮阳板采用了由悬置的一对竖索相互连接的处理。除了竖向支撑自身荷载外，该处遮阳板与两个建筑体块之间通过复杂的节点连接。节点应尽可能小，并且可以允许两个建筑体块在实际环境中引起的相对变形位移，最后采用了每个遮阳板在一端通过铰接节点与建筑相连，另一端悬浮出挑的方式（图6-48）。

通过局部实物模型试验，设计者和建造者完成了幕墙的各项技术要求，除了遮阳外，对玻璃的隔热性能、隔声性能都要进行测试，还要检验遮阳板、幕墙竖框的铝制材料在暴雨时的隔声是否满足图书馆室内声学环境的要求。

图书馆的围护设备也与建筑结合在一起，整个建筑一共包括 14 个围护设备。主要的围护设备是安装在屋顶遮阳篷的下部边缘的单轨擦窗机（图6-49）。擦窗机上还装有一个动臂装置。

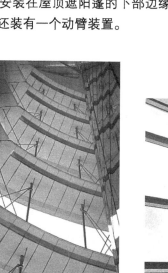

图 6-48　巷道遮阳板连接

图 6-49　擦窗机

四、主动式节能设计策略

除了被动式策略节能效果突出外，主动式的节能也非常有效。如图书馆中的展览和办公空间基本是自然采光，主要区域安装有日光感应器，用于在日光不足时开启人工光源并在日光充足时自动关闭。办公区域设置区域感应器，只在有需要照明的办公区域开启照明。在员工卫生间设置传感器，只有有人使用卫生间时才开启照明，否则关闭。灯具选用高能效的"T5"日光灯，且所有日光灯安装了高效镇流器以提高能效。在维多利亚街和北桥路立面安装有自动遮阳帘，以遮挡下午角度较低的太阳辐射。其他主动措施如夜间温湿度控制、一氧化碳感应、剧场观众席的置换通风、雨水感应器、感应扶梯、高能效空调系统等。

该建筑设计时的能耗测算是 $178kW/m^2$ 年，建成后 2006 年的运行数据是实际能耗每年仅为 $152kW/m^2$，大大低于新加坡标准写字楼的能耗 $230kW/m^2$。

第七章　各国相关节能建筑的评价体系

第一节　英国建筑研究所环境评价法（BREEAM）

一、BREEAM 评价体系简介

BREEAM（Building Research Establishment Environmental Assessment Method）通常被称为英国建筑研究院绿色建筑评估体系。BREEAM 评价体系始创于 1990 年，是世界上第一个也是全球最广泛使用的绿色建筑评估方法。1998 年，BREEAM 办公建筑评价修订版颁布，具体对各项可持续设计进行不同的评级权重，此后每年都会对评级进行更新，并陆续推出了其他建筑类型的评级标准。2000 年，"EcoHome"住宅评级体系颁布，成为 2006 年英国政府制定的"可持续住宅规范"的基础。2008 年颁发的 BREEAM 新版本介绍了建筑建成后核查的强制性要求、最低标准和创新点，同一年还推出了国际版。

BREEAM 评估体系采取"因地制宜、平衡效益"的核心理念，使其成为全球唯一兼具"国际化"和"本地化"特色的绿色建筑评估体系。它既是一套绿色建筑的评估标准，也为绿色建筑的设计设立了最佳实践方法，因此 BREEAM 成为描述建筑环境性能最权威的国际标准。目前全球已有超过 27 万幢建筑完成了 BREEAM 认证，另有超过 100 万幢建筑已申请认证。

英国建筑研究院通过 BREEAM 体系帮助联合国环境规划署，

以及西班牙、荷兰、挪威、瑞典、德国、奥地利、瑞士、卢森堡等国在内的组织和国家创立了适用于当地情况的绿色建筑评估标准。汇丰银行全球总部、普华永道英国总部、联合利华英国总部、伦敦斯特拉大厦、巴黎艾米达积广场、德国中央美术馆购物中心等一大批全球知名地标建筑都采用了 BREEAM 评估体系进行绿色建筑评估认证。

2010 年 5 月 6 日，由欧洲地产开发巨头 Redevco（领德高）和瑞安房地产在武汉 CBD 共同开发的武汉天地成为中国第一个开展 BREEAM 评估的商业地产项目。2010 年 7 月，天津滨海新区天津开发区现代服务产业区（泰达 MSD）低碳示范楼项目成为中国第二个开展 BREEAM 评估的商业项目。2013 年 6 月，由方兴（Franshion）地产（中国）有限公司开发的长沙市梅溪湖方兴绿色建筑展示中心注册申请了中国第一个 2013 国际版标准的建筑。

将 BREEAM 称作英国绿色建筑评估体系并不准确。例如美国的 LEED、澳大利亚的 Green Star、日本的 CASBEE、新加坡的 Green Mark 等绿色建筑评估标准均是各个国家根据本国国情借鉴 BREEAM 体系创建的。事实上，针对英国本土以外的评估项目，英国建筑研究院会在 BREEAM 国际版体系下，在严格考察项目当地的气候、生态环境、建筑材料、文化、施工规范、建筑法律法规、基础设施、历史、政治、地理等因素后开发适用于该项目的评估标准。为了保证在 BREEAM 体系下各个国家和地区项目之间具备可比性，BREEAM 评估在基本评估内容不变的情况下，根据项目实际情况调整得分权重和技术指标来定制评估标准。例如，海湾地区面临的主要环境挑战是水资源短缺，因此适用于海湾地区的评估标准则更强调了节水的评级内容。

在 BREEAM 体系下，各类标准可根据项目所在国家和地区的实际情况进行定制，并致力于处理以下与当地情况相关的特定问题：

● 不同类别的环境问题；
● 环境因素的权重；
● 施工方式、建筑产品和材料的细节及特点；
● 当地法规、标准和实践规范的要求。

BREEAM 可以在全球范围内任何地方应用，可用于评估单体建筑和建筑组群开发项目。也有越来越多的国家在 BREEAM 基础上开发了本地版本，包括：

荷兰——荷兰绿色建筑委员会经营 BREEAM NL；
西班牙——de Galicia 科技研究所经营 BREEAM ES；
挪威——挪威绿色建筑委员会经营 BREEAM NOR；
瑞典——瑞典绿色建筑委员会正在研发 BREEAM SE；
德国——德国可持续房地产研究所（DIFNI）经营 BREEAM DE；

奥地利——德国可持续房地产研究所（DIFNI）经营 BREEAM AT；

瑞士——德国可持续房地产研究所（DIFNI）正在 BREEAM CH；

卢森堡——德国可持续房地产研究所（DIFNI）正在研发 BREEAM LU。

除此之外，还有很多国家的评估体系正在开发中，只要遵守了 BREEAM 可持续建筑环境的总体要求，其形式也可有多种变化。

二、BREEAM 的应用

（一）使用对象广

业主、规划者、投资者和开发商可以使用 BREEAM 制定其建筑的可持续性能。这种方式在市场中体现出快速和全面的特点，并受到高度的认可。BREEAM 提供的绿色建筑证书可向潜在的购买者和承租方证明建筑的节能效果、经济效益、舒适度和环境性能，从而极大提高了建筑在市场中的竞争优势。

设计师可将 BREEAM 作为指导设计的工具，用于改善建筑的性能，并增进设计师对建筑的可持续性的了解和经验。

物业管理者可使用 BREEAM 来降低运营成本，衡量和改善建筑的性能，实施管理和发展方案，监测和报告建筑的使用性能。

（二）BREEAM 的评估分类

BREEAM 覆盖以下类型用途的建筑：办公、零售、教育、法庭、医院、工业、住宅。对于以上类型以外的建筑，BREEAM 也可根据建筑实际情况定制标准。

BREEAM 国际版

2013 年 6 月 1 日更新的 BREEAM 标准可以评估在世界各地各个国家的新建住宅和新建的非住宅建筑。在考虑当地情况、优先级，法规和标准的同时进行评估。

BREEAM 既有建筑

对既有建筑实施更好的管理和改善是解决建筑环境影响的主要方面。BREEAM 既有建筑评估标准用于帮助建筑的管理者减少运营成本和提高既有建筑的环境性能。这套评估标准由健全的技术标准、易于使用的评估方法和第三方的认证机制组成，为提高建筑的可持续性提供了清晰可靠的指导。

BREEAM 住宅旧建筑改造

该版本提供可持续住房翻新工程的设计和评价方法。在一定的经济情况下，有效提高现有住房的可持续发展和环保方面的性能。

BREEAM 社区标准

该标准用于改善建筑环境的可持续性，特别关注社区向居民提供综合的工作、生活和娱乐设施。这套标准在社区的规划阶段对开发提案进行独立评估和认证。

BREEAM 的主要版本见表 7-1。

BREEAM 各主要版本 表 7-1

名称	覆盖范围
BREEAM Bespoke	用于评价 BREEAM 标准分类以外的处于设计和建造阶段的建筑，包括实验室、高级教育建筑、旅馆、休闲场所等
BREEAM Offices	新建、翻新和运行中的办公建筑
Eco Homes	新建住宅
The Code for Sustainable Homes	基于 Eco Homes，从 2007 年 4 月开始取代 Eco Homes 作为英国新建住宅建筑的评价标准
EcoHomesXB	用于现有建筑翻新管理
BREEAM International	英国以外地区建筑评价
BREEAM Multi-Residential	对处于设计和建造阶段的学生宿舍、老年住宅、福利院等建筑进行评价
BREEAM Retail	新建、翻新和运行零售建筑
BREEAM Industrial	新建轻工业和仓库建筑
BREEAM Schools	初级和中级学校建筑
BREEAM Prisons	监狱的住宿楼
BREEAM Courts	新建或翻建的法院建筑

（三）BREEAM 的评估方式

BREEAM 鼓励实践高于当地法规规范要求的建筑性能，向建筑用户交付具有更高健康水准和舒适度、更低环境影响的建筑。BREEAM 依照以下十个类别的环境影响进行评分：

能量：运行能耗和二氧化碳排放；

管理：管理措施、性能验证、场地管理和采购管理；

健康和舒适：室内外的相关因素（噪声、光照、空气质量等）；

交通：交通相关的二氧化碳排放和选址相关的因素；

水：水源消耗和节水性能；

材料：建筑材料对环境的隐性影响，如材料在建筑生命周期中的碳排放的计算；

垃圾：施工资源的使用效率以及垃圾管理和减少的措施；

土地利用：场地类型和建筑足迹；

污染：对空气和水的污染；

生态：生态价值、生态保护和场地的生态影响。

每个类别的得分由每个类别所获积分乘以环境因素权重所得，然后将每个类别的得分相加即为总评分。计算出总分后可根据每个认证级别的得分要求换算出最终认证的等级水平。其等级分为：通过（Pass）≥ 30%、良好（Good）≥ 45%、优秀（Very Good）≥ 55%、优异（Excellent）≥ 70%、杰出（Outstanding）≥ 85%。

当建筑物通过或超过某一项指标的基准时，就会获得该项指标的分数。每项指标都计分，分值统一。评分标准根据评价内容有不同规定。例如：在"能量"一项中，当 CO_2 的年释放量少于 $50kg/m^2$ 时，可得 2 分，其后每减少 $5kg/m^2$ 可多得 2 分，当达到零释放量时，得 20 分；在"交通"一项中，80% 的住户距主要公交站在 500m 以内得 4 分，在 1000m 以内得 2 分，超过 1000m 则为零分；在"水"一项中，每卧室每年节水 $45m^3$ 得 6 分，其后，每增加 $5m^3$，可多得 4 分等。

在 2004 年的 BREEAM 办公建筑版本中，各项指标的预计最高得分分别为：管理 160、健康 150、能源 136、交通 104、水 48、材料 98、土地使用 30、生态 126、污染 144。所以，其最高总分数是 996 分。评估书上会清楚记载通过了哪项指标，但没有负面评价的叙述。

BREEAM 评估经由独立的评估师开展，评估师须接受英国建筑研究院的专门培训和认证。评估师根据评估撰写报告，归纳项目的各项评估表现和计算总分。完成评估后，业主将取得认证的证明。评估师参与设计流程越早，越容易取得较高的评级和降低成本。

为达到和保持体系管理和质量保证的最高标准，英国建筑研究院组成了可持续发展委员会。该委员会监管 BREEAM 的开发和其他所有可持续建筑指南、发行物、技术标准和认证体系。委员会代表建筑领域各个方面从业人士的人组成，包括设计师、开发商、最终用户、政府决策者、金融家、保险公司等。英国建筑研究院的 BREEAM 体系和认证评估师经英国最后认证机构认可。同时该体系也采用 ISO9001 质量管理体系管理。

第二节　美国能源及环境先导计划（LEED）

一、LEED 评价体系简介

美国绿色建筑协会（USGBC：U.S. Green Building Council）是一个非营利组织，旨在推动建筑具有可持续的设计和建造。能源及环境设计先导计划（LEED：Leadership in Energy and Environmental Design）是美国绿色建筑协会在 2000 年设立的一项绿色建筑评分认证系统，用以评估建筑能效是否能符合可持续性。这套标准逐步修正，目前已适用于新建建筑、既有建筑、商业建筑内部设计、学校、租屋与住宅等。

二、LEED 应用

对于新建建筑，评分项目包括可持续的场地、有效利用水资源、能源与环境、材料和资源、室内环境质量、创新和设计过程等。

在每一项中，绿色建筑协会都提出了前提、目的和相关的技术指导。例如，对"可持续的场地"一项，基本要求是必须对建筑腐蚀物和沉淀物进行控制，目的是控制腐蚀物对水和空气质量的负面影响。每一项中具体包括了若干得分点，按各具体方面达到的要求，评出相应的积分。各得分点都包含目的、要求和相关技术指导三项内容。例如，对"有效利用水资源"一项，有节水规划，废水回收技术和节约用水3 个得分点，如果建筑项目满足节水规划下两点要求便可得 2 分，积分累加得出总评分。由此建筑绿色特性便可以用量化的方式表达出来。

根据分值分为认证级、银级认证、金级认证、铂金级认证四个等级（表 7-2 ）。

LEED 的评分等级　　　　　　　　　　　表 7-2

LEED 等级	认证级	银级认证	金级认证	铂金级认证
得分	26 ~ 32 分	33 ~ 38 分	39 ~ 51 分	52 分及以上

LEED 认证体系需要工程项目达到多项条目要求，每一项条目都是针对该类建筑的特定要求。LEED 具有很强的灵活性，可用于所有类型建筑的认证，包括：疗养建筑、学校、住宅以及整个社区。参评建筑必须满足特定的要求并获得一定的条目得分，该分值决定了认证的级别。

LEED 认证体系主要的评价项目有以下五项：

可持续的场地：鼓励运用设计策略减少对生态系统和水资源的影响；

有效利用水资源：促进更有效的使用水资源，包括室内和室外，减少可能的水源消耗；

能源和环境：通过革新的策略促进更有效的建筑能耗；

材料和资源：鼓励使用可持续的建筑材料，减少废物的产生；

室内环境质量：提高室内空气质量，利用自然采光并具有良好视野；

LEED 社区开发认证体系中增加的三个评价项目：

智能选址和交通：促进可步行的社区环境，并具备高效的交通选择和开敞空间；

社区模式和设计：强调紧凑、步行、充满生气的多用途社区空间，并与临近社区之间具有良好的联系性；

绿色基础设施和建筑：减少建筑和基础设施建造、运营对环境产生的影响。

LEED 住宅认证体系中增加的两个评价项目：

选址和交通：鼓励在已开发的区域或动迁地块建造住宅，促进可步行的社区环境，并具备高效的交通出行选择和开敞空间；

认知和教育：鼓励住宅建造者或地产商为住户、租户和建筑管理者提供所需的住宅认知和工具，以更好的理解、使用以及最大程度发挥绿色住宅的优势。

两个加分项目：

设计创新或运营创新：设计策略不仅仅局限于以上所限定的五个评分项目，对具有创新设计的建筑可以得到 6 分加分鼓励；

区域优先：在不同的地形区域体现针对性的优化设计，可以得到 4 分加分鼓励。

LEED 的各版本见表 7-3。

<table>
<tr><td colspan="3" align="center">LEED 的各个版本　　　　　　　　　　　　　表 7-3</td></tr>
<tr><td align="center">名称</td><td align="center">简称</td><td align="center">用途</td></tr>
<tr><td align="center">New commercial construction and renovation projects</td><td align="center">LEED-NC</td><td align="center">新商业建筑和主要翻新工程</td></tr>
<tr><td align="center">Existing building operations</td><td align="center">LEED-EB</td><td align="center">既有建筑的运营</td></tr>
<tr><td align="center">Commercial interiors projects</td><td align="center">LEED-CI</td><td align="center">商业建筑内部工程</td></tr>
<tr><td align="center">Core and shell projects</td><td align="center">LEED-CS</td><td align="center">核心筒及外围护</td></tr>
<tr><td align="center">homes</td><td align="center">LEED-H</td><td align="center">住宅</td></tr>
<tr><td align="center">Neighborhood development</td><td align="center">LEED-ND</td><td align="center">社区开发</td></tr>
</table>

三、LEED 评估方式

绿色建筑专业人员可以通过 LEED 专业认证考试（LEED Accredited Professional Exam）成为 LEED 认证专业人员。通过专业认证的人员能帮助不同 LEED 系统的建筑评级。专业认证由绿色建筑认证委员会（Green Building Certification Institute）管理。

目前有三个级别的 LEED 专业认证资格，由低到高分别是：LEED Green Associate、LEED AP 和 LEED Fellow。

申请成为 LEED Green Associate，需要通过 LEED Green Associate Exam 考试。申请成为 LEED AP，则需要三年 LEED 项目的经验，并要求参加 LEED 专业认证考试，该考试分为两部分，第一部分是为未获得 LEED Green Associate 资格者准备的 LEED Green Associate Exam；第二部分则是 LEED AP 专门技术领域考试。LEED AP 按专业技术领域的不同，分为 LEED AP 建筑物设计和建造、LEED AP 住宅、LEED AP 内部设计和建造、LEED AP 社区开发、以及 LEED AP 运行和维护等。

第三节　日本 CASBEE

一、CASBEE 评价体系简介

CASBEE（comprehensive assessment system for built environment efficiency），是对建筑环境能效和建成环境的评估认证方法。它是综合的评估建筑质量，如室内舒适度和美学等，考虑相关的环境因素，包括使用节能的材料和设备，使其对环境的负荷最小化。该评价体系分为五个等级：优秀（S）、良好（A）、一般（B+）、较差（B−）和差（C）。日本的 CASBEE 是首个由亚洲国家开发的绿色建筑评价体系，对于包括我国在内的亚洲国家开发各自的绿色建筑评价体系有更大的借鉴意义，我国的绿色奥运建筑评价体系就是参考 CASBEE 的框架开发出来的。

CASBEE 包括规划与方案设计、绿色设计、绿色标签、绿色运营与改造设计四个评价工具，分别应用于设计流程的各个阶段。

规划与方案设计工具：提供一种合理的建筑选址及项目基本影响的评价工具。

绿色设计工具：为提高建筑物的 BEE（建筑物环境效率），在设计期间使用的简化的自评系统。

绿色标签工具：建筑物完成后，基于一年 BEE 营运业绩的建筑绿色等级评价工具，也可用于资产评价。

绿色运营与改造工具：在运营阶段，建筑物业主获取建筑 BEE 指标实际值以及如何提高 BEE 指标相关信息的工具。

CASBEE 是一套针对不同尺度的项开发的综合评价工具，包括建筑尺度（住宅和其他建筑）和城市尺度（城镇和城市开发）。CASBEE 是在 2001 年作为企业、政府、学术联合项目研究开发的，第一个评估工具是 CASBEE 办公建筑，完成于 2002 年，接着在 2003 年 7 月完成了新建建筑的评估体系，2004 年 7 月完成了既有建筑的评估体系，2005 年 7 月完成了建筑修复的评估体系。

CASBEE 评估体系是基于以下三点原则开发的：建筑全生命周期综合评价、建筑环境质量和建成环境负荷评价、新开发建筑环境效率指导评价。

二、CASBEE 的评估与应用

（一）CASBEE 评估

评估的两个方面：质量（Q）和负荷（L）（图 7−1）

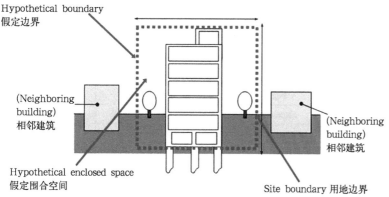

图 7-1　以假定边界定义的 Q 和 L

图中：

Q（Building environmental quality and performance）指建筑物环境质量和性能，表示参评建筑对假想封闭空间内部建筑使用者生活舒适性的改善；

L（Environmental load）指环境负荷，表示参评建筑对假想封闭空间外部公共区域的负面环境影响。

假想封闭空间是指以用地边界和建筑最高点为界的三维封闭体系，CASBEE 将其作为建筑物环境效率评价的范围。

为了使评估过程更加明晰，CASBEE 提出了简明的评价指标——建筑物环境效率（Building Environmental Efficiency，即 BEE）。建成环境效率是 CASBEE 的核心概念，将其作为评价建筑物绿色性能的标准，该指数在数值上等于 Q 和 L 的比值，即 BEE=Q/L（环境质量性能 / 环境负荷）。

BEE 指数的使用简化和明晰了建成环境能效评估的结果（图 7-2）。BEE 值在坐标图上以图示形式显示，X 轴为 L，Y 轴为 Q。BEE 评价结果在图上显示为穿过原点坐标的一条倾斜直线。Q 值越高，L 值越低，该直线的斜率越大，表明建筑越环保。使用该方法，

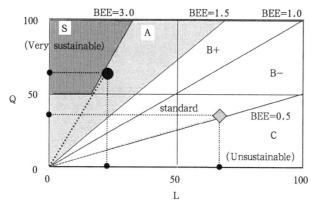

图 7-2　BEE 定义和图示

153

使建筑环境评估可以用图示的方式表达成为可能。根据 BEE 值的增加，显示了如何确定不同的评价等级（表 7-4）。

BEE 值与评估等级   表 7-4

等级	评估	BEE 值	标识
S	Excellent	BEE>=3.0，Q>=50	★★★★★
A	Very Good	3.0>=BEE>=1.5	★★★★
B+	Good	1.5>=BEE>=1.0	★★★
B-	Slightly Poor	1.0>=BEE>=0.5	★★
C	Poor	BEE<0.5	★

CASBEE 的评价内容包括能量消耗、资源再利用、建筑用地外环境、室内环境四个方面，共计 93 个子项目。

为了便于评估，CASBEE 将这些子项目进行分类重组，划分到 Q 和 L 两大类中（图 7-3）。其中，Q 包括 Q1 室内环境、Q2 服务质量、Q3 室外环境（建筑用地内）3 个子项目，L 包括 L1 能源、L2 资源与材料、L3 建筑用地外环境 3 个子项目。CASBEE 对每一个子项目都规定了详尽的评价标准，便于评价人员快速、准确的获得评价结果，也为设计人员在建筑设计、施工阶段进行自评提供了指导。

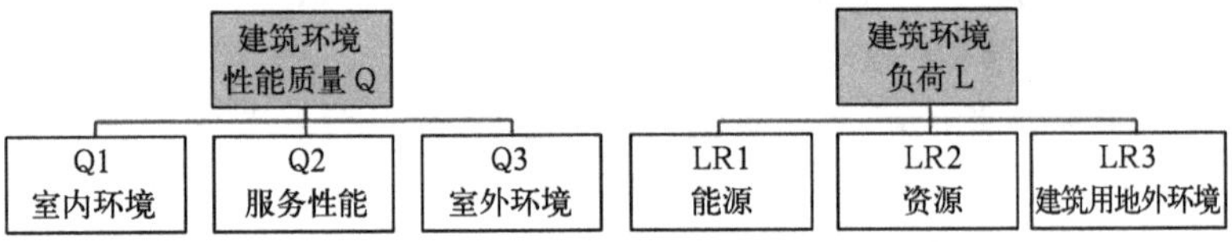

图 7-3　Q、L 子项

CASBEE 的评分标准采用 5 分制，标准值为 3 分，原则上满足建筑基准法规最低条件时评定为 1 分，达到一般水平时为 3 分，最优水平为 5 分。在对各评估细项进行评分后，进行评估计算，最终得到评估结果 BEE 值。由于每个项目在建筑整体环境效率的提高方面所占的重要程度不同，各评估细项的得分需乘以事先确定的权重系数后才能将其相加，各项目的权重系数按下表进行选取（表 7-5）。

评价项目的权重系数   表 7-5

	评价项目	除工厂以外	工厂建筑
Q-1	室内环境	0.40	0.30
Q-2	服务性能	0.30	0.30
Q-3	室外环境（建筑用地内）	0.30	0.40
LR-1	能量	0.40	
LR-1	资源与材料	0.30	
LR-1	建筑用地外环境	0.30	

LCCO2 评估

2008 年起，CASBEE 已经包括了 LCCO2 评估，即对整个建筑生命周期（从建造到运行直至拆除清理整个过程）评测其二氧化碳排放量。基于已经输入 CASBEE 电子数据的数值，新"标准计算"方法会自动提供简化的 LCCO2 的估测值。另外，对使用更多的减少二氧化碳排放措施的建筑，可以选用"单独计算"方法进行计算。2010 年版本中，通过不同的 LCCO2 值和 BEE 评测结果授予 1~5 颗绿星，更清晰的表述了 LCCO2 的评价性能。与某参照建筑的 LCCO2 值进行比较测评出建筑的排放率（%）。绿星标准如下：

——LCCO2 高于 100%（非能效建筑）：1 颗星

——LCCO2 低于 100%（满足当前的能效标准）：2 颗星

——LCCO2 低于 80%（在建筑运营期间节能达到 30%）：3 颗星

——LCCO2 低于 60%（在建筑运营期间节能达到 50%）：4 颗星

——LCCO2 低于 30%（在建筑运营期间零能耗）：5 颗星

LCCO2 排放评测基于建筑措施、场地措施和场地外环境措施。建筑措施如能效的提高、生态材料的使用和延长建筑生命周期等。其结果分别为：

1. 参照值；

2. 采用相关措施的目标建筑的 LCCO2 排放值（基本值）；

3. 基本值 + 场地措施（如太阳能发电）的 LCCO2 排放；

4. 基本值 + 场地外环境措施（如获得绿色能源证书）的 LCCO2 排放。

目前，使用以上第 4 项的二氧化氮减少还未包括在 BEE 中。考虑到未来会增加场地外措施这一项，2010 年版本中允许此项评测单独计算 LCCO2 值。

（二）CASBEE 应用

CASBEE 认证体系涵盖了广泛的建筑类型，除新建建筑外，还包括既有建筑、改建建筑、城市开发和独立住宅。

CASBEE 住宅（独立住宅）：

CASBEE 住宅认证开发于 2007 年，住宅建筑涉及多方利益，如业主、设计师、承包商、建造者。因此 CASBEE 住宅特别强调易读性。在 CASBEE 所有评价工具中，CASBEE 住宅首次引入五星标识作为 BEE 五级评价的新的表示方法。它包括 54 个子项，这些子项不仅仅包括住宅本身，还包括室外空间、家用电器、建造方提供给使用者的相关信息，以及在材料供应和建造阶段的环境策略。

CASBEE 新建建筑：

CASBEE 新建建筑主要供建筑师和工程师使用，它可被当作一种设计辅助工具，帮助设计师在设计阶段提高建筑 BEE 值。这个工具正式名称为 DfE（Design for Environment）工具，基于具体规划设计和预期效果进行评价。重建项目也是用 CASBEE 新建建筑进行评价。在设计初始阶段、实施阶段和建设完成阶段，都将对环境质量、建筑性能和负荷减少程度进行评估。由于环境性能和评价标准会随时间而发生变化，因此评价结果仅在建成后的三年内有效。

CASBEE 既有建筑：

CASBEE 既有建筑评价体系是针对现有建筑，基于其完成后至少一年的运行记录进行评价。该工具还可用于资产值评估。因为建筑实际状况会因时间而发生改变，因此评估结果有效期设定为五年，并要求使用最新的版本进行评估。CASBEE 既有建筑评价工具还可用于辅助建筑维护。建筑业主，如开发部门或开发公司，可以使用该工具作为中长期管理方案的自评估工具。

CASBEE 改建建筑：

CASBEE 改建建筑评估工具基于改建后的预期性能和规划设计，评估现有建筑的性能。也可以用于建筑存量更新，以提供建筑运行监控、试运转和改进设计的方案。该评价在改建更新完成后三年内有效，并且评价必须使用最新版本。该工具可以评估建筑相对于改建前的环境性能的改善程度。

CASBEE 临时建筑：

CASBEE 临时建筑评估工具是 CASBEE 新建建筑评估工具的延伸，用于评估供短期使用的临时性建筑，如展览建筑。这类建筑生命周期短，因此侧重考虑建造和拆除阶段的材料使用和回收，其评分标准和权重反映了临时建筑的特点。

CASBEE 热岛缓解：

热岛效应的评估在主要城市区域甚为重要，如东京和大阪。CASBEE 热岛缓解评价工具目的是对建筑设计中使用的缓解热岛的措施进行更详细的定量评价。评价标准涉及更多详细的室外热环境状况和对周围环境的热岛负荷。

CASBEE 城市开发（CASBEE-UD）：

CASBEE 城市开发评估工具独立于 CASBEE 建筑尺度评价工具之外的评价系统。CASBEE 城市开发评估工具针对建筑群，整体考虑城市区域改善环境性能的人为因素和建筑群影响。该工具用于评价作为整体的开发区域，而建筑尺度层面的评价体系评价的是指定范围内单一建筑的环境性能。CASBEE 城市开发评估工具是 CASBEE 的扩展工具，参考 CASBEE 新建建筑评估工具中 Q3（场地室外环境）和 LR3（场地外环境）评价内容制定而成。CASBEE 城市开发评估工具是针对整体建筑群，侧重建筑群空间的各种情况。

三、CASBEE 与其他评价体系的不同

（一）评价对象更加广泛

以往的绿色建筑评价体系的评价对象大多是单栋建筑，对建筑功能有所局限，很少涉及到群体或社区；CASBEE 不仅有针对除别墅之外的单栋建筑的评价工具，也有针对综合功能的群体建筑、街区的评价工具以及针对热岛现象缓和对策的评价工具，无论从建筑种类或规模上都有所提高。

（二）实用性和可操作性强

CASBEE 的评价标准明确，并且提供输入简便的计算机评估软件，降低了评价工作的难度；评价人员只需在软件中输入参评项目的各项分值，软件就可以按照事先设定的计算方法直接得出评价结果，因此适合建筑师、工程师、政府部门、业主、市民等不同人士的需要。

（三）政府措施强硬

大多数绿色建筑评价体系都将其作用定位在对绿色建筑设计的引导上，对于绿色建筑的市场开发也是定位在业主自愿的前提下，而 CASBEE 的应用则是政府强制性的。2004 年 6 月，日本出台了用 CASBEE 对建筑物进行评价的第三者认定制度和 CASBEE 评价师认定制度，名古屋市和大阪市已规定在建筑报批申请和竣工时必用 CASBEE 进行评价，横滨市等其他很多地方自治体也在探讨实施以上制度，CASBEE 评价体系因此得以在日本迅速普及和发展。

第四节　澳大利亚 Green Star

一、Green Star 评价体系简介

绿色之星是由澳大利亚绿色建筑委员会 2003 年开发完成的自愿参评的可持续评价体系，旨在帮助房地产业和建筑业减少建筑环境的不利影响，提升使用者的健康以及工作效率，真正做到节省开支。目前绿色之星具有针对不同建筑类别的评价工具，例如教育建筑、医疗建筑、工业建筑、多层集合住宅、办公建筑、办公建筑建造、办公建筑设计、办公建筑室内、购物中心、会展建筑、观演建筑、社区等。绿色之星评价体系包括九个部分，分别是：管理、室内环境质量、能源、交通、水、材料、土地利用与生态、排放物、创新，每个部分均细分为很多子项。在设计阶段、后期施工和室内设备安装阶段都要进行分别评分。另外，考虑到地域差异，每个评价部分

都附有权重分析的内容。

2013 年，澳大利亚绿色建筑委员会发布了名为"绿色之星的价值"的报告，报告中分析了澳大利亚境内 428 幢（574.6 万平方米）经绿色之星认证的建筑，并与一般建筑比较其能耗值。研究表明，绿色之星认证建筑产生的温室气体比一般建筑少 62%，耗电量比一般建筑少 66%，用水量比一般建筑少 51%。报告还发现在建的绿标建筑可以保证建筑废弃物的重新利用率高达 96%，而一般新建建筑物的废弃物重新利用率为 58%。

二、Green Star 应用

绿色之星评价认证的等级：

"四星绿色之星"评价认证（45~59 分）：表明该项目为环境可持续设计和建造领域"最佳实践"。

"五星绿色之星"评价认证（60~74 分）：表明该项目为环境可持续设计和建造领域的"澳大利亚杰出"。

"六星绿色"之星评价认证（75~100 分）：表明该项目为环境可持续设计和建造领域"世界领先"。

目前已经有超过 600 个项目获得了绿色之星的认证。第一个获得认证的绿色之星建筑是堪培拉国际机场的百利达拉电路公司，2004 年获得了办公建筑设计的五星绿标。2005 年，墨尔本的市府二号楼成为第一个达到绿标六星标准的办公建筑。弗林德斯药物中心南翼新楼是澳大利亚第一个达到绿标标准的健康护理建筑。

第五节　新加坡 Green Mark

一、Green Mark 评价体系简介

新加坡建设局（BCA）绿色标识计划始于 2005 年，是推动新加坡建筑工业朝向更佳的环境友好型建筑发展的激励计划。用意在于促进建成环境的可持续性和提高开发者、设计者和建造者在开始项目概念和设计，以及在建造阶段的环境意识。

建设局的绿色标识为房地产市场提供了一个有意义的建筑标签，是结合环境设计和能效而开发的标准体系。它对企业形象、建筑出租、出售价值具有积极影响。

新加坡绿色标识的意义：

1. 减少设备用水、用能的相应费用；

2. 减少对环境的潜在影响；

3. 提高室内环境质量，营造健康、高效的工作场所；

4. 为进一步的改善提供清晰的指导。

申请和评估程序，首先开发商、建筑业主和政府部门必须向建设局提交申请表，在建设局绿色标识计划中注册。然后建设局评估组召开会议，项目团队或者建筑管理团队参加，简要告知关于相关报告和文件证明材料的标准和要求，以便提交后续材料。团队后续材料准备完备后，将在之后的某时段进行实际评估。评估包括设计和文件核查，以及场地确认。评估之后提交书面证明材料。评估结束后，评估方即给项目或建筑管理方寄送评估结果，告知项目认证的星级。

二、Green Mark 应用

建设局绿色标识为评估新建和既有建筑整体环境性能提供了一个综合框架，可以促进建筑的可持续设计、建造和运营实践。在新建建筑的评估框架之下，鼓励开发者和设计团队设计和建造绿色、可持续的建筑，促进建筑节能、节水，营造更健康的且适合更多绿色植物的室内环境。对于既有建筑，鼓励建筑业主和运营者满足其可持续的运行目标，减少建筑在整个生命周期内对环境和使用者健康的负面影响。

评估标准主要涉及以下几个方面：

1. 能效；

2. 水资源利用；

3. 环境保护；

4. 室内环境质量；

5. 其他绿色特征和革新措施。

评估中确认特定的能效和环境友好性特征，以及在项目中的具体运用。优于一般项目的环境友好性特征将得到相应分值。根据所得的所有评估分值，建筑将被认证为相应的建设局绿色标识的白金级、金+、金和认证级。已认证的绿色标识建筑如需保留认证标识等级，需要每三年进行重新认证。获得认证的新建筑再认证时，使用既有建筑认证标准；既有建筑再认证时仍使用既有建筑认证标准。

后 记

节能建筑设计研究是同济大学建筑与城规学院建筑技术科学最早建立、并做出一定贡献的重点学科方向之一，其中有创建者翁致祥教授的辛勤耕耘和其他前辈的努力工作。

今天当我们重编完本书，再一次拾起过去十几年来研究心得时，深感节能建筑研究已沉淀了太多科学技术与建筑设计智慧。窗外有更为广阔的发展空间，节能建筑已成为 21 世纪建筑科学技术的关键领域。

本书出版于 2003 年 7 月，当时得力于同济大学出版社的帮助，及多位研究生的配合工作。初版得到多校师生好评与支持，也提出了很多修改意见。一年前在我带教的苏州大学在职博士生赵秀玲老师的全力协助下，终于完成了本书的修编工作并再版，本书的一切成果是团队共同研究的成果，本书的再版也了却了我十多年来的心愿。

衷心希望此书的重编能引导更多建筑师关注与研究节能建筑设计与技术，把节能建筑推向新的高峰。

感谢中国建筑工业出版社的支持，感谢同济大学城规学院建筑系领导与同事的关心，感谢研究生初奇峰、贾东方、李天等同学的全力协助。